David Immerz

Der Europäische Emissionsrechtehandel

Maßnahmen zur Wiederbelebung eines gescheiterten Klimaschutzinstruments

Impressum:

Copyright © Studylab 2021

Ein Imprint der GRIN Publishing GmbH, München

Druck und Bindung: Books on Demand GmbH, Norderstedt, Germany

Covergestaltung: GRIN Publishing GmbH | Freepik.com | Flaticon.com | ei8htz

Abstract

Introduced in 2005 the Emissions Trading System is by far the most powerful climate protection instrument in European environmental policy. It is ecologically safe through a set cap and ensures that CO_2 emissions are reduced precisely where their marginal abatement costs are lowest. However, in the last ten years the emissions trading system has been struggling with severe impact problems. Although emissions from the European Union declined by a good 25 percent by 2017 compared to the base year 2005, this is not due to emissions trading, but to other national climate protection measures, in particular the increase in energy efficiency and the expansion of renewable energies.

The systematic over-endowment of the participants with certificates, credits from (sometimes more than questionable) climate protection projects abroad as well as the already mentioned parallel climate protection measures led in the past three trading periods that there was almost never even a small extent to a shortage of certificates on the market.

This bachelor thesis will show that a transformation, especially the introduction of a market stability reserve as well as the reforms of April 2018, will breathe new life into an Emissions Trading System that has been labeled as a failure and now will eventually become that climate protection instrument from 2021 onwards, as it was designed at the beginning.

The first part gives an overview of the functioning and the previous work of the certificate trading. The second part analyzes the main reasons for the failure of the system in the second and third trading period. Subsequently, additions and reforms as well as their reviving effects on the fourth trading period are shown. Finally, some possible additions to further strengthen the Emissions Trading System are presented.

Inhaltsverzeichnis

Abbildungsverzeichnis

„Wir leben in einer merkwürdigen Welt - aber es ist die einzige, die wir haben.“

(Greta Thunberg, schwedische Klimaschutzaktivistin)

1 Einleitung

Kaum ein Thema ist derzeit wissenschaftlich, medial und gesellschaftlich präsenter als der dringend notwendige Schutz des Klimas, der Natur und der Umwelt. Die wöchentlichen Schüler-Demonstrationen unter dem Motto „Fridays For Future" verdeutlichen – über den kompletten Globus verteilt – den Frust der jungen Gesellschaft. Sie sind enttäuscht über das wenig vorausschauende Handeln vorheriger Generationen, gleichzeitig aber auch verärgert über das (Nicht-)Handeln der heute gewählten Politiker. Dabei hat die heutige Klimapolitik eine Vielzahl an Klimaschutzinstrumenten zur Auswahl, welche in Kombination (und nur in Kombination) miteinander eine enorme Wirkung erzielen können.

Das wohl brisanteste Thema im Zusammenhang mit dem anthropogen verursachten Klimawandel ist der Ausstoß von Treibhausgasen – insbesondere Kohlenstoffdioxid, welches zu einem Großteil für den menschengemachten Treibhauseffekt verantwortlich ist. Um die Erwärmung der Erde und die daraus resultierenden Folgen für Mensch und Umwelt aufzuhalten, muss der Ausstoß von Treibhausgasen drastisch reduziert werden – einerseits durch technische Lösungen, andererseits durch Veränderung des eigenen Verhaltens.

1.1 Persönliche Motivation

Während meines Praktikums und später als Werkstudent in der Abteilung Klimaschutz des Umweltamts der Stadt Augsburg kam ich mit vielen dieser politischen Klimaschutzinstrumente in Kontakt. Neben dem Ausbau der Erneuerbaren Energien beschäftigte ich mich viel mit Energieeinsparung sowie mit der Steigerung von Effizienz und Suffizienz. Ein Thema, das mich besonders faszinierte war der Europäische CO_2-Emissionshandel. Ein System, dass seit seiner Einführung 2005 in puncto Umstrittenheit nur schwer zu überbieten ist. Einerseits ökologisch treffsicher, also mit Garantie auf Verringerung der Europäischen Kohlendioxidemissionen, andererseits mit einem (bisher) erschreckend unbedeutenden Beitrag zum globalen Klimaschutz.

Unsere Umwelt und ihre Systeme verändern sich laufend. Umweltschutz und -forschung sind aufgrund des klimatischen Zustandes unseres Planeten derzeit einige der wichtigsten Themen in den Natur- und Sozialwissenschaften. Die Geographie als interdisziplinäre Wissenschaft beschäftigt sich unter anderem mit den Themenbereichen Umweltschutz und -management, aber auch mit Themen wie Energiewirtschaft und Umweltökonomie und bildet eine wichtige Schnittstelle zur gemeinsamen Forschung und Zusammenarbeit innerhalb dieser Themenbereiche. Gerade die Umweltökonomie spielt in einer Welt mit einem hohen Bedarf an Umweltschutz (seitens des Planeten) und gleichzeitig einem hohen Bedürfnis nach ökonomischer Stabilität (seitens der Bevölkerung) eine wichtige Rolle. Die globale Aufgabe des 21. Jahrhunderts besteht daher – stark vereinfacht gesprochen – in der Vereinigung von Ökologie und Ökonomie, um so unseren Planeten noch für nachfolgende Generationen lebenswert zu erhalten.

1.2 Problemstellung, Zielsetzung und Aufbau der Arbeit

Wie bereits im vorherigen Unterkapitel angedeutet galt der Emissionsrechtehandel in den Augen vieler bereits als erfolglos, wenn nicht sogar als gescheitert. Die Emissionen der Europäische Union gingen bis zum Jahr 2017 gegenüber dem Basisjahr 2005 zwar um gut 25 Prozent zurück – was jedoch nicht auf den Emissionsrechtehandel, sondern auf andere nationale Klimaschutzmaßnahmen, insbesondere die Steigerung der Energieeffizienz und der Ausbau der Erneuerbaren Energien, zurückzuführen ist.

Man könnte sogar noch einen Schritt weiter gehen und sagen, dass das System im Grunde genommen von Anfang an ausgetrickst wurde und damit von vornherein zum Scheitern verurteilt war. Die systematische Überausstattung der Teilnehmer mit Zertifikaten, Gutschriften aus (teilweise mehr als fragwürdigen) Klimaschutzprojekten im Ausland sowie die bereits erwähnten parallel laufenden Klimaschutzmaßnahmen führten in den vergangenen drei Handelsperioden dazu, dass es so gut wie nie auch nur ansatzweise zu einer Zertifikateknappheit auf dem Markt kam.

Die vorliegende Arbeit soll einen Überblick über die Funktionsweise des Europäischen Emissionshandels geben und deskriptiv erläutern, warum sein Beitrag zur globalen Dekarbonisierung in der Realität geringer ist, als er es eigentlich hätte sein können.

Zunächst wird in Kapitel 3 allgemein die Funktionsweise eines Emissionshandelssystems beschrieben und in Kapitel 4 auf die Europäische Union angewandt. Im darauffolgenden Abschnitt werden die Gründe für das mäßige Funktionieren des Systems erläutert. Kapitel 6 und 7 beschäftigen sich mit den „Wiederbelebungsmaßnahmen" durch die EU-Politik und den damit verbundenen Auswirkungen auf Jahre ab 2021.

Ziel der Arbeit ist es, aufzuzeigen, dass die durchgeführten Maßnahmen dem, bis dato sehr ineffektivem und unglaubwürdigem, Klimaschutzinstrument neue Kraft zur vollständigen Entfaltung seiner Wirkung verleihen werden.

Aufgrund der aktuellen (September 2019) politischen Debatte in Deutschland (eine Woche vor Abgabe dieser Arbeit stellte das Klimakabinett der Bundesregierung nach einer 15-stündigen Sitzung die Eckpunkte für das Klimaschutzprogramm 2030 vor) werden in Kapitel 8 noch einige Möglichkeiten zur Ergänzung und zur Stärkung des Emissionshandels vorgestellt.

2 Die Bedeutung von Kohlendioxid

Bei Kohlendioxid handelt sich – vereinfacht gesprochen – um ein Kohlenstoffatom, an dessen Außenseiten jeweils zwei Sauerstoffatome sitzen. Der Anteil an CO_2 in der Atmosphäre beträgt derzeit knapp über 0,04 Prozent (Plöger, Böttcher 2016:44ff.). Diese Konzentration nimmt seit Beginn der Industrialisierung kontinuierlich zu, was den Treibhauseffekt verstärkt und so zu klimatischen Veränderungen führt. Weltweit ist das Treibhausgasniveau gegenüber dem Referenzjahr 1990 um 27 Prozent gestiegen (Weber 2008:33-46). Den drastischen Anstieg der atmosphärischen CO_2-Konzentration als Resultat der Verbrennung fossiler Energieträger verdeutlicht die – mittlerweile fast schon berühmte – Zeitreihe der Messstation auf dem Mauna Loa in Hawaii (vgl. Abbildung 1).

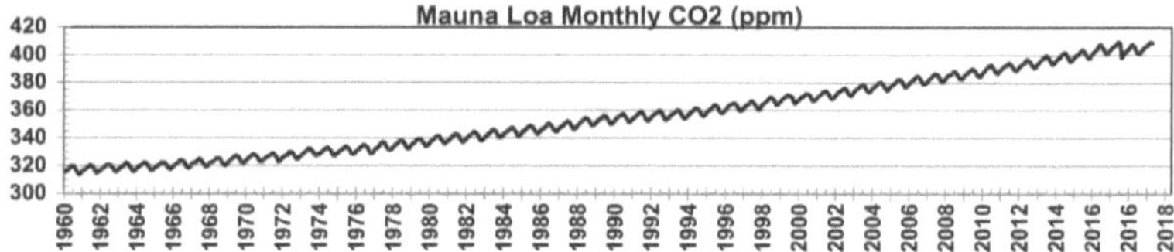

Abbildung 1: Monatsmittelwerte der Konzentration von CO2 auf Mauna Loa (Hawaii) seit 1960
Quelle: Chylek et al. 2018:3

Der Anstieg dieser Treibhausgasemissionen führt seit dem Beginn der industriellen Revolution zu einem der globalen Temperatur um etwa 1,0 °C. Ein weiterer Emissionsanstieg mit der aktuellen Geschwindigkeit würden nach einem Bericht des IPCC im Zeitraum 2030 bis 2052 zu einer globalen Erwärmung von mindestens 1,5 °C führen. Aufgrund des langsamen Abbaus von Kohlendioxid in der Atmosphäre wird diese globale Temperatur für Jahrhunderte bis Jahrtausende erhöht bleiben, selbst bei einem deutlichen Rückgang der CO2-Emissionen. Die bisherigen Klimaabkommen geben daher nicht eine Absenkung der Temperatur auf vorindustrielle Verhältnisse, sondern eine dringend notwendige Stabilisierung einem konkreten (leicht erhöhten) Niveau vor. Dies lässt sich nur mit einem dauerhaften Stop der Kohlendioxidemissionen erreichen, entweder durch eine tatsächliche Reduktion auf null oder aber eines künftigen Schadstoffausstoßes auf netto-null. Dies bedeutet, dass mit technischen und/oder natürlichen Prozessen mindestens so viel CO_2 aus der Atmosphäre genommen wird, wie die tatsächlichen Emissionen (Guilyardi et al. 2019:6-19).

Es wird davon ausgegangen, dass es weder in naher noch ferner Zukunft eine funktionierende End-of-Pipe-Technologie für CO_2 geben wird. Eine Ausnahme bildet hierbei die CO_2-Abscheidung und -Speicherung (Carbon Capture and Storage) am Ende des Produktionsprozesses. Die einzigen Methoden zur langfristige Vermeidung von CO2 sind daher einerseits die Steigerung der Energieeffizienz und andererseits die Nutzung CO2-armer oder sogar ganz -freier Technologien (Sturm 2018:105).

3 Allgemeine Funktionsweise eines Emissionshandels

Allgemein gesprochen können Umweltgüter nicht gehandelt werden, da sie sehr spezifische Charakteristika aufweisen. Bei der Erdatmosphäre handelt es sich beispielsweise um ein öffentliches Gut, von dessen Nutzung niemand ausgeschlossen werden kann und der Nutzen dieses Guts nicht konkurrierend ist. Es benötigt hier also eine Möglichkeit, das Marktversagen zu korrigieren und eben einen solchen Markt für Umweltgüter zu schaffen. Der erste Schritt besteht in diesem Fall darin, ein handelbares Gut zu schaffen, auf welche das Ausschlussprinzip angewendet werden kann[1]. Eine Möglichkeit wären hierfür Schadstoffemissionen und darauf basierend die Berechtigung, Schadstoffe zu emittieren. Solche Emissionsrechte werden dann durch den Staat (es sei an dieser Stelle noch offen, ob es sich dabei um einen Nationalstaat oder eine Staatengemeinschaft handelt) definiert und in Form von Zertifikaten auf dem Markt gehandelt. Danach wird festgelegt, welche Gesamtschadstoffmenge emittiert werden darf und was damit das ökologische Ziel des Emissionshandelssystems ist. Zudem muss definiert werden, um welche Art von Schadstoffen es sich handelt, welche Arten von Emissionsverursachern bzw. welche Wirtschaftseinheiten zum Handel verpflichtet sind und welche räumlichen Grenzen gelten sollen. Zudem muss eine Kontrollbehörde eingerichtet werden, bei welcher die betroffenen Unternehmen die erforderliche Menge an Zertifikaten für ihre tatsächlichen Emissionen einreichen müssen. Als, in der Praxis am einfachsten handhabbarer, Schadstoff bietet sich das Treibhausgas Kohlenstoffdioxid CO_2 an, da in der Regel eine proportionale Beziehung zwischen dem fossilen Brennstoff als Input (beispielsweise Kohle oder Erdgas) und den tatsächlich freigesetzten Emissionen als Output besteht. Bei der Verbrennung von einem Kilogramm Steinkohle entstehen beispielsweise 2,762 Gramm Kohlenstoffdioxid. Es müssen hier also keine Schadstoffausstöße aufwändig an der Quelle gemessen werden. Stößt ein Unternehmen nun mehr Schadstoffe aus als es Berechtigungen besitzt, werden Strafzahlungen fällig. Diese müssen logischerweise oberhalb des aktuellen Zertifikatsmarktpreises liegen, da das Unternehmen sonst durch das Zahlen der Strafe einen wirtschaftlichen Vorteil genießen würde und so ein Markt gar nicht erst entstehen könnte (Sturm 2018:92).

---

[1] Es besteht damit also die Möglichkeit, andere vom Konsum dieses Guts auszuschließen.

Die Garantie für die Funktionstüchtigkeit eines solchen Marktes zum Handel mit Zertifikaten sowie die ökologische Treffsicherheit des Emissionshandels basiert auf der Annahme, dass sich alle teilnehmenden Unternehmen auf den Ausstoß von CO_2-Emissionen reduzieren lassen und daher nur durch ihre Ausstoßmenge sowie ihre Grenzvermeidungskosten unterscheiden, da nicht alle Produktionsanlagen den selben Stand der Technik besitzen (Sturm 2018:92). Als Grenzvermeidungskosten werden die zusätzlichen Kosten bezeichnet, die zur Vermeidung jeder zusätzlich ausgestoßenen Tonne Kohlendioxid anfallen (Ragoßnig et al. 2012:284). Moderne Anlagen weisen in der Regel höhere Grenzvermeidungskosten auf, da sich mit älteren Anlagen Emissionen leichter vermeiden lassen, beispielsweise durch technische Nachrüstungen und damit verbunden eine Steigerung der Energieeffizienz. Ein Unternehmen, dass in der Praxis über weniger Emissionsrechte als realisierte Emissionen verfügt, hat nun zwei grundsätzliche Möglichkeiten:

1. Im Falle von niedrigen Grenzvermeidungskosten (GVK) investiert es in neue Technologien, welche zu einem deutlich verringerten Schadstoffausstoß führen. Dieser muss mindestens so groß sein, dass das Unternehmen nun mehr Zertifikate besitzt, als es benötigt, und diese auf dem Markt verkaufen kann, um so in absehbarer Zeit die Kosten für die Investitionen zu kompensieren. Die Grenzvermeidungskosten liegen in diesem Fall also unter dem herrschenden Marktpreis (p) und es werden effektiv Emissionen vermieden.

2. Im gegenteiligen Fall kauft sich das betroffene Unternehmen am Markt zusätzliche Zertifikate ein und „rechtfertigt" so den zu hohen Schadstoffausstoß. Der Preis für diese Zertifikate muss in jedem Fall unter den Grenzvermeidungskosten liegen. Die Menge an Emissionen bleibt gleich.

Betrachtet man nun die beschriebenen Fälle synoptisch als zwei verschiedene Unternehmen (1) und (2) mit ihren jeweiligen tatsächlichen (zu hohen) Emissionen E1 und E2 und ihren Grenzvermeidungskosten GVK1 und GVK2, ergibt sich eine Gesamtemissionsmenge EG = E1 + E2. Unternehmen (1) reduziert seine tatsächlichen Emissionen um den Wert EX, welcher so hoch ist, dass (1) nun sogar weniger emittiert, als es dürfte und wird damit zum Anbieter von Zertifikaten auf dem Markt, wobei GVK1 < p. Für Unternehmen (2) gilt GVK2 > p, weswegen es bei gleichbleibenden Schadstoffen E2 Zertifikate von (1) abkauft. Während vor dem Handel die Gesamtemissionsmenge E1 + E2 war, setzt sich EG nun aus E1 + E2 – EX zusammen. Trotz gleichbleibendem Ausstoß von (2) wurde also die Gesamtschadstoffmenge insgesamt reduziert (Sturm 2018:93).

Dieser Handel funktioniert genau so lange, bis sich von beiden Unternehmen die Grenzvermeidungskosten exakt angeglichen haben und sich so keine bilateralen Vorteile für eines der Unternehmen mehr ergeben. Man spricht insbesondere von einem Marktgleichgewicht, wenn die Grenzvermeidungskosten gleich dem Zertifikatspreis sind. Um zu garantieren, dass es sich hierbei um einen Wettbewerbsmarkt handelt, müssen viele Unternehmen auf dem Markt interagieren und zusätzlich keine Einflussmöglichkeit auf den Zertifikatspreis vorhanden sein (Sturm 2018:94).

Da nun also Unternehmen mit niedrigen Grenzvermeidungskosten zu Anbietern und solche mit hohen Grenzvermeidungskosten zu Nachfragern werden, ergibt sich die Reduktion der Emissionen immer dort, wo die Kosten der Vermeidung am niedrigsten sind. Der Handel mit Zertifikaten gilt daher als ökologisch treffsicher, da auf jeden Fall die gewünschte Vermeidungsmenge erreicht wird. Es sei an dieser Stelle jedoch erwähnt, dass es sich in der Praxis nur um ein „second best"-Verfahren handelt, da es sehr schwierig ist, das Emissionsziel so zu wählen, dass der Grenzschaden den Vermeidungskosten gleicht (Sturm 2018:95). Es wird davon ausgegangen, dass durch ein EU-weites Handelssystem im Vergleich zu einzelstaatlichen Lösungen zur Reduktion von Emissionen etwa 20 Prozent der Kosten gespart werden können (Piemonte 2010:56).

4 Beschreibung des Europäischen Emissionshandels im Speziellen

In diesem Kapitel soll, neben der geschichtlichen Entwicklung, die konkrete Ausgestaltung des Europäischen Emissionshandelssystem genauer analysiert werden.

Der Europäische Emissionshandel (im Folgenden oftmals mit EU ETS, European Emissions Trading System, abgekürzt) ist das zentrale Element der europäischen Klimapolitik, da er die energieintensiven Industrien der EU-28-Mitgliedsstaaten sowie Norwegen, Island und Liechtenstein dazu verpflichtet, für den Ausstoß des wichtigsten Treibhausgases CO2 (vgl. Abbildung 2) einen Preis zu zahlen und zudem für die beteiligten Sektoren eine Gesamtemissionsmenge festlegt. Zusätzlich werden auch Distickstoffoxid (N2O) sowie Perflourcarbone (PFCs) in der Einheit Tonnen CO2-Äquivalente (tCO2e) erfasst (Sturm 2018:97f.).

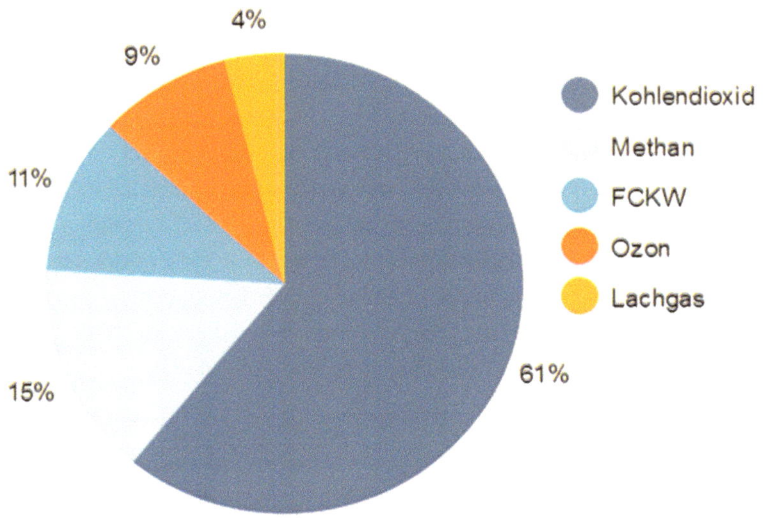

Abbildung 2: Anteile bedeutender Klimagase am Treibhauseffekt
Quelle: Eigene Darstellung nach Piemonte 2010:4

4.1 Umsetzung des EU ETS

Nach der Ratifizierung des Kyoto-Protokolls am 31. Mai 2002 durch die EU wurde der Europäische Emissionshandel, basierend auf der Richtlinie 2003/87/EG des Europaparlaments im Jahr 2005 eingeführt, wobei zunächst nur das Treibhausgas CO2 reguliert wurde, da es einerseits den größten Anteil am anthropogen verursachten Treibhauseffekt hat und seine Emissionen andererseits relativ einfach zu messen sind. Inzwischen werden auch die deutlich schädlicheren Gase N2O und PFCs vom Emissionshandel erfasst (Sturm 2018:98, Piemonte 2010:56f.). Es handelt sich beim Emissionshandel um einen sogenannten flexiblen Mechanismus, da die teilnehmenden Staaten die marktwirtschaftliche Konzeption der jeweiligen Situation ihres Landes anpassen können (Piemonte 2010:1).

4.2 Teilnehmer am Emissionshandel

Anstatt von Anfang an die sämtliche Emissionsquellen in den Handel mit einzubeziehen, entschloss sich die Kommission zunächst mit einer überschaubaren Anzahl an Emittenten zu beginnen. Besonderer Augenmerk lag auf jenen, bei denen sich ein Monitoring vergleichsweise einfach gestalten würde. Es wurden hierfür spezielle Sektoren definiert und zur Teilnahme am Emissionshandel verpflichtet (Graichen, Requate 2005:42). Diese Sektoren werden als „Kategorien von Tätigkeiten" im Anhang I der Emissionshandelsrichtlinie 2003/87/EG aufgeführt. Es wird explizit erwähnt, dass „Anlagen oder Anlagen-teile, die für Zwecke der Forschung, Entwicklung und Prüfung neuer Produkte und Verfahren genutzt werden" (Europäische Kommission 2003:L(275)/42), nicht unter diese Richtlinie fallen. Demnach unterliegen folgende Tätigkeiten dem Emissionshandel:

- Energieumwandlung- und umformung

  Gemeint sind hiermit einerseits Feuerungsanlagen mit mehr als 20 MW Feuerungswärmeleistung, wobei Anlagen für die Verbrennung von gefährlichen oder Siedlungsabfällen ausgenommen sind, sowie andererseits Mineralölraffinerien und Kokereien.

- Eisenmetallerzeugung und -verarbeitung

  Dies betrifft Röst- und Sinteranlagen für Metallerz sowie Anlagen für die Herstellung von Stahl und Roheisen mit einer Kapazität von mehr als 2,5 Tonnen pro Stunde.

- Mineralverarbeitende Industrie

Betroffen sind zum einen Herstellungsanlagen für Zementklinker mit mindestens 500 Tonnen Produktionskapazität pro Tag und für Kalk mit mehr als 50 Tonnen pro Tag sowie zum anderen die Herstellung von Glas mit mehr als 20 Tonnen Schmelzkapazität. Zudem sind in diesem Sektor Anlagen zur Herstellung von keramischen Erzeugnissen (z. B. Ziegelsteine, Fließen, Porzellan) mit einer Kapazität von mindestens 75 Tonnen am Tag mit eingeschlossen.

- Sonstige Industriezweige

Gemeint ist hierbei die Herstellung von Zellstoff aus Holz sowie von Papier und Pappe mit mehr als 20 Tonnen Produktionskapazität pro Tag.

Bei Betreibern, welche innerhalb ihrer Anlage mehrere der oben genannten Tätigkeiten durchführen, werden die einzelnen Kapazitäten dieser Tätigkeiten addiert (Europäische Kommission 2003:L(275)/42).

Im Folgenden stehen die Einheiten Gt für Gigatonnen, Mt für Megatonnen und CO2e für CO2-Äquivalente.

Insgesamt sind in den 31 teilnehmenden europäischen Ländern (EU28 sowie Island, Liechtenstein und Norwegen) inzwischen über 12.000 Anlagen betroffen, welche im Jahr 2017 zusammen etwa 1,8 Gigatonnen CO2e verursachten und damit für etwa 40 Prozent der europäischen Gesamtemissionsmenge verantwortlich sind, wobei die Energiewirtschaft mit insgesamt 1,163 Gt CO2e den größten Anteil (zwei Drittel) im Zertifikatehandel hat (Healy et al. 2018:8f.). Deutschland hat hierbei mit einem Schadstoffgesamtausstoß von insgesamt 438 Mt CO2e (312 Mt CO2e Industrie, 126 Mt CO2e Energie) einen Anteil von knapp 25 Prozent am EU ETS (DEHSt 2018:1-5). Die folgenden Abbildungen zeigen die Anteile der einzelnen Industriebranchen (Abbildung 3) an den Gesamtemissionen der, am Emissionshandel teilnehmenden, EU31-Länder im Jahr 2017 sowie die Entwicklung der Anzahl an teilnehmenden Anlagen (Abbildung 4).

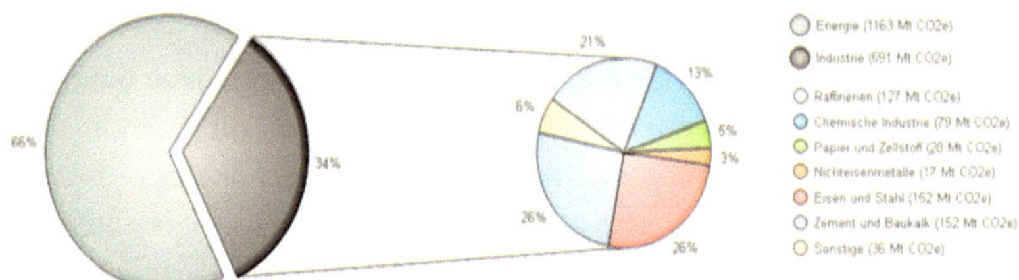

Abbildung 3: Anteil der einzelnen Branchen an den Emissionen des EU ETS im Jahr 2017
Quelle: Eigene Darstellung nach Healy et al. 2018:8f.

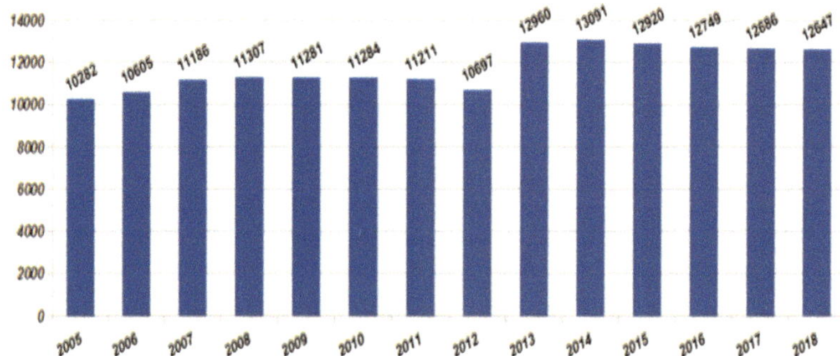

Abbildung 4: Anzahl der teilnehmenden Anlagen
Quelle: Eigene Darstellung basierend auf Daten der Reports des Union Registry (European Commission 2019a)

Es wird an dieser Stelle betont, dass die Emissionshandelsrichtlinie bezüglich der teilnehmenden Anlagen sowie der Zuteilungskriterien der Zertifikate keine einheitlich verpflichtenden Regelungen vorgibt. Gemäß dem Subsidiaritätsprinzip wird jedem Mitgliedsstaat ein gewisser Gestaltungsfreiraum gewährt, um die Emissionshandelsrichtlinie (wie jede andere EU-Richtlinie auch) in geltendes, nationales Recht umzusetzen (Piemonte 2010:57).

4.3 Einbindung der Luftverkehrs in den Emissionshandel

Das allgemeine Wirtschaftswachstum, steigende Einkommen und eine steigende Globalisierung des Handels sowie die damit verbundene ständig wachsende Nachfrage nach Mobilität führten dazu, dass in den Jahren 1990 bis 2009 die jährlichen Emissionen im Luftverkehr um 87 Prozent gewachsen sind (vgl. Abbildung 5). Eine Einbindung des Luftverkehrs in den Emissionshandel erscheint daher längst fällig (Scharschmidt, Lippelt 2012:26f.).

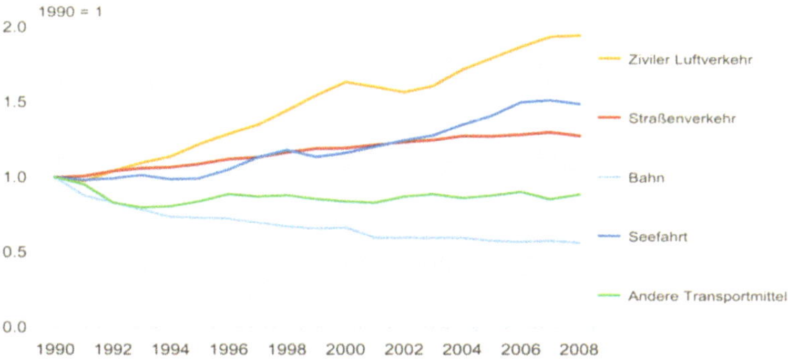

Abbildung 5: CO2-Emissionen nach Verkehrsmitteln in Europa
Quelle: Scharschmidt, Lippelt 2012:27

Am 19. November 2008 erließ das Europäische Parlament und der Rat die Richtlinie 2008/101/EG zur Änderung beziehungsweise Erweiterung der Emissionshandelsrichtlinie 2003/87/EG und damit zur Einbeziehung des Luftverkehrs in das Europäische Emissionshandelssystem. Die Richtlinie besagt, dass Luftfahrzeugbetreiber, deren Maschinen auf einem Flughafen eines Mitgliedsstaates starten oder landen, zur Teilnahme am Emissionshandel verpflichtet sind. Ausgenommen sind nach Anhang I hierbei unter anderem Flüge von Monarchen und Politikern in offizieller Mission, Militär- und Schulungsflüge, Rettungs- und Löscheinsätze, Flüge zur wissenschaftlichen Forschung sowie Flüge von Luftfahrtzeugen unter 5,7 Tonnen Höchstgewicht beim Start. Zudem sind Luftfahrzeugbetreiber dann nicht betroffen, wenn sie pro Jahr weniger als 30 000 Sitzplätze Kapazität anbieten, weniger als 243 Flüge in drei Viermonatszeiträumen durchführen oder jährlich weniger als 10 000 Tonnen Gesamtemissionen ausstoßen. Für das letzte Jahr der zweiten Handelsphase des Emissionshandels (01. Januar bis 31. Dezember 2012) werden den Luftfahrzeugbetreibern 97 Prozent der historischen Luftverkehrsemissionen in Form von Zertifikaten zugeteilt. Als historische Luftverkehrsemissionen wird der durchschnittliche Mittelwert der Kalenderjahre 2004, 2005 und 2006 definiert. Ab dem Beginn der dritten Handelsperiode entspricht die Gesamtmenge der zuzuteilenden Zertifikate 95 Prozent der historischen Emissionen. Bereits ab 2012 werden 85 Prozent der Zertifikate den Betreibern kostenlos vergeben, die restlichen 15 Prozent werden versteigert. Über die Verwendung der Einkünfte aus den Auktionierungen dürfen die Mitgliedsstaaten selbst entscheiden, wobei Artikel 3d Absatz 4 der Richtlinie vorgibt, dass besagte Einkünfte zur Bekämpfung des und Anpassung an den Klimawandel (z. B. Reduzierung von Treibhausgasemissionen,

Forschung und Entwicklung, Maßnahmen gegen Abholzung von Wäldern) eingesetzt werden sollen. Ab dem 01. Januar 2013 werden drei Prozent der zugeteilten
Gesamtmenge an Emissionsberechtigungen in eine Sonderreserve für Luftfahrzeugbetreiber überführt. Diese können nach Artikel 3f eine kostenfreie Zuteilung
der Zertifikate aus der Reserve beantragen, wenn ihr Unternehmen beispielsweise
nicht mehr die oben genannten Ausschlusskriterien erfüllt und nun zur Teilnahme
am Emissionshandel verpflichtet ist (Europäische Kommission 2009a:L8/3-21,
Schaefer et al. 2010:194-209).

4.4 Phasen des Emissionshandels

Der EU ETS wurde zu Beginn in mehrere Phasen unterschiedlicher Länge aufgeteilt, welche nun vorgestellt werden.

4.4.1 Phase I (2005 – 2007)

Die erste Phase des Zertifikatehandels hatte eine Dauer von drei Jahren und kann
in erster Linie als Initial- oder auch Testphase bezeichnet werden. Basierend auf
der Richtlinie 2003/87/EG (Emissionshandelsrichtlinie) wurde zunächst von der
EU noch keine, für einen Emissionshandel jedoch essentiell notwendige, Emissi-
onsobergrenze (Cap) vorgeben, sondern den Mitgliedsstaaten in dieser Hinsicht
eine gewisse Freiheit gewährt. Diese wurden jedoch verpflichtet die nationalen
Emissionen der in Kapitel 4.2 genannten Sektoren und Industrien in einem Allokationsplan festzulegen. Die EU Kommission behielt sich hierbei allerdings das Recht
vor, den Allokationsplan eines Staates bei Verletzung gewisser Kriterien abzu-
lehnen (Sturm 2018:99). Die Europäische Kommission gibt im Anhang III ihrer
Richtlinie 2003/87/EG konkrete Kriterien für die nationalen Zuteilungspläne der
einzelnen Mitgliedsstaaten. Aufgeführt wird beispielsweise, dass die Gesamtmenge
der zuzuteilenden Emissionsberechtigungen den wahrscheinlichen Bedarf für die
strikte Anwendung der Kriterien nicht überschreiten darf. Des weiteren muss in
jedem Fall das (technische) Potenzial zur Verringerungen von Emissionen berücksichtigt werden und in Einklang mit der Menge an Zertifikaten stehen. Es wird betont, dass alle Unternehmen und Sektoren gleich gerecht behandelt werden müssen und es keine Bevorzugung geben darf. Außerdem müssen klare Angaben dar-
über gemacht werden, wie sich neue Marktteilnehmer am Emissionshandel in ih-
rem jeweiligen Mitgliedsstaat beteiligen können (Europäische Kommission
2003:L(275)/44. 2003/87/EG Artikel 10 gab zudem vor, dass in der ersten Phase
mindestens 95 Prozent der Zertifikate kostenlos zugeteilt werden müssen. Als

Zuteilungsmethode wurde eine spezielle Variante des sogenannten Grandfatherings gewählt, bei der die Zertifikate, basierend auf den historischen Emissionen der Unternehmen, jährlich an diese vergeben wurden. Unter der Annahme, dass besagte Unternehmen nicht in neue Technologien investieren werden, sondern sich auf eine Verbesserung der angewandten Technologie konzentrieren, stellt das Verschenken der Zertifikate durch die Mietgliedstaaten in puncto Kosteneffizienz kein Problem dar, da die zugeteilte Menge an Emissionsberechtigungen geringer als die Nachfrage ist und sich daher durch Knappheit am Markt ein Preis bildet (Sturm 2018:99). Das Problem ergibt sich genau dann, wenn Unternehmen gegenteiliges Verhalten zeigen und in neue Technologien investieren. Für den Bau eines neuen Kohlekraftwerks erhält ein Energiekonzern, bei kostenloser Zuteilung im Rahmen des angewandten Grandfatherings, beispielsweise etwa doppelt so viele Zertifikate zugeteilt, wie vergleichsweise für den Bau eines neuen Gaskraftwerks, welches die gleiche Menge an Strom produziert (Benz, Sturm 2012:810f.).

Durch die sogenannte Linking Directive (2004/101/EG) wurden in den EU ETS die, in Kyoto beschlossenen, flexiblen Marktmechanismen eingeführt, weswegen 2004/101/EG rechtlich als Änderungsrichtlinie der ursprünglichen Emissionshandelrichtlinie 2003/87/EG betrachtet werden kann. Sie besagt, dass bereits in der ersten Phase die Nutzung zertifizierter Emissionsreduktionen aus CDM-Gutschriften möglich ist (Gerner 2012:17). Näheres dazu im Kapitel 4.5.

4.4.2 Phase II (2008 – 2012)

Mit Beginn der zweiten Phase traten erstmals die Verpflichtungen der Europäischen Union an das Kyotoprotokoll in den Vordergrund, was zur Folge hatte, dass das Gesamtziel verschärft wurde. Wie in Phase I wurden von den einzelnen Mitgliedsstaaten nationale Allokationspläne erstellt, welche durch die Kommission geprüft und in einigen Fällen auch korrigiert wurden (Böhringer, Lange 2012:12f.). Nach 2003/87/EG waren mindestens 90 Prozent der Zertifikate kostenlos zu verteilen (Europäische Kommission 2003:L(275)/36). Des weiteren wurden die Sanktionen für nicht oder zu spät eingereichte Zertifikate von 40,- EUR auf 100,- EUR pro tCO2 angehoben (Graichen, Requate 2005:37). Neben den bereits in Phase I erlaubten CDM-Gutschriften ist ab 2008 auch die Nutzung von Emissionensreduktionseinheiten auch JI-Projekten möglich. Die zweite Phase wird daher auch als Kyoto-Phase bezeichnet (Dannenberg, Ehrenfeld 2008:5f.).

4.4.3 Phase III (2013 – 2020)

Die Vorbereitungen für die dritte Handelsperiode begannen in 2008 mit der Ausarbeitung der Richtlinie 2009/29/EG durch das Europäische Parlament. Bereits im Vorfeld wurde eine Kursänderung in Richtung Auktionierung als vorherrschendes Element zur Verteilung der Emissionsberechtigungen an die Unternehmen vorgeschlagen und umgesetzt. Insbesondere Stromanbieter, welche bislang überwiegend mit Zertifikaten beschenkt wurden, müssen diese ab 2013 fast vollständig ersteigern. Auch Unternehmen aus der energieintensiven Industrie werden bis zum Ende der dritten Phase etwa 70 Prozent der Zertifikate ersteigern müssen (Sturm 2018:101). Die kostenlose Zuteilung wird anschließend jährlich in gleichbleibender Höhe bis 30 Prozent im Jahr 2020 reduziert, so dass ab 2027 keine kostenlose Zuteilung von Zertifikaten mehr erfolgt (Europäische Kommission 2009b:L140/74). Ausnahmen gibt es weiterhin, insbesondere für bestimmte Sektoren, welche einem starken internationalen Wettbewerb ausgesetzt sind und durch höhere Zertifikatspreise Marktanteile verlieren könnten (Sturm 2018:101). Die Richtlinie erwähnt hier konkret einen Anstieg der Produktionskosten um fünf Prozent, gemessen an der Bruttowertschöpfung (Europäisches Parlament 2009b:L140/75). Dadurch soll verhindert werden, dass die Produktion (und damit auch die Emissionen) in ein außereuropäisches Drittland fließen, in dem CO_2-Emissionen nicht bepreist werden. Dies wird als Carbon Leakage bezeichnet (Garnaut 2008:230f.). Zudem wird die Obergrenze nicht länger durch die Nationalstaaten festgelegt, sondern einheitlich von der EU vorgegeben. Das Cap für 2013 wird in Artikel 1 des Kommissionsbeschlusses 2010/634/EU auf 2 039 152 882 Zertifikate festgelegt und jährlich um einen Faktor von 1,74 Prozent verringert, was in etwa 35 MtCO2e pro Jahr entspricht (Europäische Kommission 2010:L279/34-35). Diese Grenze gilt sowohl über kostenlos zugeteilte als auch versteigerte Zertifikate (Jaquier, Bellassen 2015:145). Eine besondere Bedeutung haben die Absätze 2 und 6 des Artikels 10a des Beschlusses. In diesen wird konkret ausformuliert, dass die Gratisvergabe der Berechtigungen künftig nicht mehr auf Basis historischer Emissionen (Grandfathering, vgl. Phase I) erfolgt, sondern sich an der aktuell effizientesten verfügbaren Technik orientiert. Als Maßstab dient dafür „das Produkt des Stromverbrauchs pro Produktionseinheit (…) und der CO_2-Emissionen des entsprechenden europäischen Stromerzeugungsmix." (Europäische Kommission 2009b:L140/73).

Betrachtet wird hierbei „die Durchschnittsleistung der 10 % effizientesten Anlagen eines Sektors bzw. Teilsektors in der Gemeinschaft in den Jahren 2007 und 2008." (Europäische Kommission 2009b:L140/70). Abbildung 6 zeigt noch einmal die wichtigsten Meilensteine im EU ETS.

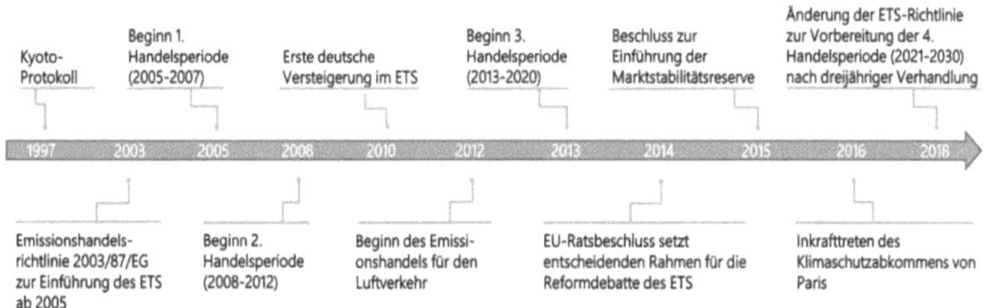

Abbildung 6: Wichtige Schritte im Europäischen Emissionshandel
Quelle: Ostermann, Fattler 2019:5

4.5 Zertifikatstypen und preisliche Entwicklung

Bisher wurde der Begriff 'Zertifikat' verallgemeinert als Berechtigung zum Ausstoß von einer Tonne CO2e eingeführt und verwendet. Dieses Kapitel beschreibt die unterschiedlichen Typen der Zertifikate, insbesondere die internationalen Zertifikatstypen des Kyoto-Protokolls sowie die Nutzung dieser im Europäischen Emissionshandel. Des weiteren wird auf die Preisentwicklung der handelbaren Zertifikate eingegangen.

4.5.1 EU-Berechtigungen

0-5 EUA

Die allgemeinen Berechtigungen der Europäischen Union werden als Chapter-III-Allowance oder, der Einfachheit halber, als European Union Allowance (EUA) bezeichnet. Sie werden im Unionsregister an Betreiber von emissionshandelspflichtigen Anlagen ausgegebenen oder verauktioniert. Ein Transfer dieser Zertifikate ist nur im EU-ETS-Bereich möglich, wobei diese sowohl von Anlagen- wie auch Luftfahrzeugbetreibern gleichermaßen zur Abgabe eingesetzt werden können. Nach Ablauf der Handelsperiode werden diese automatisch gelöscht und zum Zeitpunkt des Bankings vollständig durch 0-5 EUA der neuen Handelsperiode ersetzt (DEHSt 2015a:5).

0-6 aEUA

aEUA (inoffiziell auch als EUAA, Europea Union Aviation Allowances, bezeichnet) werden seit 2012 an Luftfahrzeugbetreiber ausgegeben oder versteigert und können, im Gegensatz zu 0-5 EUA, nur von diesen zur Abgabe im Unionsregister verwendet werden. Sie sind ebenfalls nur im Bereich des EU-ETS handelbar und werden nach Ablauf der Handelsperiode automatisch ersetzt (DEHSt 2015a:5).

4.5.2 Zertifikate aus dem Kyoto-Protokoll

3-0 ERU - Emissionsreduktionseinheiten aus Joint Implementation (JI)-Projekten

Der Joint Implementation-Mechanismus implementiert den Ausgleich von Emissionsrechten auf interstaatlicher Ebene, wobei dies nur zwischen Staaten möglich ist, die im Kyoto-Protokoll als sog. Annex-I-Länder aufgeführt sind (Zahoransky et al. 2015:580). Artikel 6 des Protokolls gibt vor, dass jedes dieser Länder Emissionsreduktionseinheiten erwerben kann, welche sich aus Projekten zur Reduktion sowie zur Verstärkung des Abbaus von anthropogen verursachten Treibhausgasen in allen wirtschaftlichen Bereichen ergeben. Wichtig ist hierbei, dass besagte Reduktionen ohne diese Projekte nicht stattgefunden hätten und die Projekte lediglich als Ergänzungen zu Maßnahmen im eigenen Land stattfinden (United Nations 1997:9f). Auf diese Weise wird es einem Land ermöglicht, Emissionen dort einzusparen, wo es am günstigsten ist. Beliebt sind hierfür die Länder der ehemaligen UdSSR, die dem Kyoto-Protokoll beigetreten sind (Zahoransky et al. 2015:580). Die 3-0 ERU-Zertifikate können jedoch im Unionsregister nicht direkt zur Abgabe für Emissionen genutzt werden und müssen daher zuvor in 0-5 EUA- beziehungsweise 0-6 aEUA-Zertifikate umgetauscht werden. Die Anzahl der Zertifikate ändert sich dabei nicht. Für Betreiber von stationären Anlagen gab es in den bisherigen Handelsperioden keine Höchstmenge an Zertifikaten aus JI-Projekten, für Luftfahrzeugbetreiber galt 2012, bezogen auf die eigenen Emissionen, ein Limit von 15 Prozent (DEHSt 2015a:10).

5-0 CER - Emissionsreduktionseinheiten aus Clean Development Mechanism (CDM)-Projekten

Der Clean Development Mechanism wird in Artikel 12 des Kyoto-Protokolls aufgeführt und weist einige Ähnlichkeiten zu Joint Implementation auf. Auch hier realisieren die Industrienationen Projekte in anderen Ländern, die zur Vermeidung von Emissionen führen. Im Gegensatz zu JI dürfen diese Maßnahmen jedoch ausschließlich in Schwellen- und Entwicklungsländern durchgeführt werden, die nicht unter Annex-I fallen und damit im Kyoto-Protokoll auch keine Limitierung ihrer Emissionen erhalten haben. Beispiele hierfür, insbesondere wegen ihrer wachsenden Industrien, sind Brasilien, China und Indien. Gerade in diesen Ländern steigen die Emissionen ähnlich schnell wie in den Industriestaaten der OECD. CDM kann daher auch als eine neue Form der Entwicklungshilfe gesehen werden und ist als Finanzierungsinstrument insbesondere für Investoren und private Unternehmen interessant, da diese so ihre Technologien exportieren und über den Handel mit 5-0 Zertifikaten teilweise sogar finanzieren können. Wie bei JI muss auch bei CDM-Projekten sichergestellt sein, dass es zu einer zusätzlichen Vermeidung von Emissionen kommt, welche sonst nicht stattgefunden hätten (Zahoransky et al. 2015:580f.). Im Jahr 2006 wurden bereits 18 CDM-Projekte in China, 58 Projekte in Brasilien sowie 84 Projekte in Indien realisiert (Hölscher 2006:67f.).

4.5.3 Banking und Borrowing

Von großer Bedeutung für den Europäischen Emissionshandel sind die Prinzipien des Banking und des Borrowing. Innerhalb des EU ETS ist der Einsatz der Emissionsberechtigungen weder an einzelne Jahre noch an die (aktuelle) Handelsphase gebunden, dass heißt, überschüssige, gegebenenfalls auch aktiv „aufgesparte", Zertifikate aus der vorhergegangen Handelsperiode beziehungsweise aus vorherigen Jahren derselben Periode können zur Deckung des Zertifikatebedarfs im aktuellen Jahr herangezogen werden. Dies wird Banking genannt. Borrowing bezeichnet das Vorziehen („Leihen") von Zertifikaten aus dem Folgejahr. Dies ist insbesondere möglich, da, beispielsweise, ein Unternehmen die Zertifikate für das Kalenderjahr 2018 erst zum 30. April 2019 abgeben muss, die Berechtigungen für 2019 aber bereits im Februar 2019 bekommt, so dass diese auch zur Deckung des Jahres 2018 herangezogen werden können. Zudem finden die Auktionierungen das ganze Jahr über statt, was wiederum bedeutet, dass von Januar bis April immer noch Zertifikate zur Deckung des Vorjahresbedarf ersteigert werden können und somit ein etwa ein Drittel der Zertifikate des Folgejahres genutzt werden kann (Gores, Graichen 2016:46).

4.5.4 Preisliche Entwicklung

Die preisliche Entwicklung der Zertifikate hängt, neben wirtschaftlichen Faktoren, auch vom Preis der fossilen Energieträger ab. Bei einem Anstieg des Erdgaspreises wird beispielsweise tendenziell mehr auf Kohle als Brennstoff zurückgegriffen, was jedoch zu höheren CO_2-Emissionen und damit zu einer höheren Nachfrage an Zertifikaten führt. Dies wiederum treibt den Preis für die Emissionsberechtigungen nach oben. Ein weiterer Faktor ist das aktuelle Wetter. Niedrige Temperaturen führen zu einem höheren Bedarf an Heizwärme, was ebenfalls zu höheren CO2-Emissionen führt. Wenig Niederschlag verringert die Bereitstellung von Elektrizität aus Wasserkraftwerken, was wiederum durch fossile Brennstoffe ausgeglichen werden muss (Zahoransky et al. 2015:580).

Abbildung 7: Preisentwicklung von Januar 2005 bis Dezember 2014 sowie auswirkende Ereignisse
Quelle: Borghesi, Montini 2016:4

Abbildung 7 zeigt die preisliche Entwicklung der Emissionszertifikate unter Berücksichtigung politischer oder wirtschaftlicher Ereignisse in den ersten zehn Jahren des Emissionshandels. Es wird deutlich, dass der Preis zu Beginn der ersten Handelsperiode (2005 – 2007) zunächst von unter 10 Euro stark auf einen Wert zwischen 20 und 30 Euro anstieg. In der ersten Hälfte des Jahres 2006 wurden die tatsächlichen Emissionswerte für das Jahr 2005 veröffentlicht, welche weit unter der Obergrenze und der damit ausgegebenen Menge an Berechtigungen lagen. Dies führte dazu, dass sich der Preis aufgrund des – nun eindeutigen – Überangebots zunächst halbierte und im weiteren Verlauf der Handelsperiode nahezu auf Null sank. Da es in dieser Periode noch kein Banking gab, wurden die Zertifikate zum Ende der ersten Phase wertlos und teilweise ungenutzt vom Markt gelöscht. Zu Beginn der zweiten Handelsperiode (2008 – 2012) wurden die Obergrenzen in den Nationalen Allokationsplänen der EU-Mitgliedstaaten (und damit die auf dem Markt verfügbare Anzahl an Zertifikaten) verringert, was den Preis wieder auf knapp 30 Euro pro Zertifikat anstiegen ließ. Die Insolvenz der Lehmann Brothers und die daraus resultierende globale Finanzkrise ließen den Preis von Mitte 2008 bis Anfang 2009 erneut auf unter 10 Euro sinken. In den beiden darauffolgenden Jahren bis etwa Mitte 2011 hielt sich der Preis relativ stabil zwischen 13 und 17 Euro pro Zertifikat (Diekmann 2012:9f.). Es lässt sich erkennen, dass die Nuklearkatastrophe von Fukushima vom 11. März 2011 und die darauffolgende Ankündigung der Deutschen Bundesregierung zum Ausstieg aus der Kernenergie ebenfalls den Zertifikatspreis vorübergehend anstiegen ließ. Insbe-sondere die 'Spontan-Abschaltung' von acht Atomkraftwerken in Deutschland führte zu einer erhöhten Nachfrage an Strom aus emissionsintensiven Kohlekraftwerken und damit zu einem Anstieg des Zertifikatspreises (Haunss et al. 2013:292). Der Preisverfall ab Mitte 2011 lässt sich mit dem stetigen Wachsen des Marktüberschusses – also dem Saldo aus verfügbaren Zertifikaten als Angebot und den verifizierten Emissionen als Nachfrage – begründen. Dieser betrug Anfang 2014 kumuliert rund zwei Milliarden Zertifikate (DEHSt 2015b:20). Der niedrigste Preis seit Einführung des EU ETS wurde im April 2013 mit etwa 3 Euro pro Tonne erreicht.

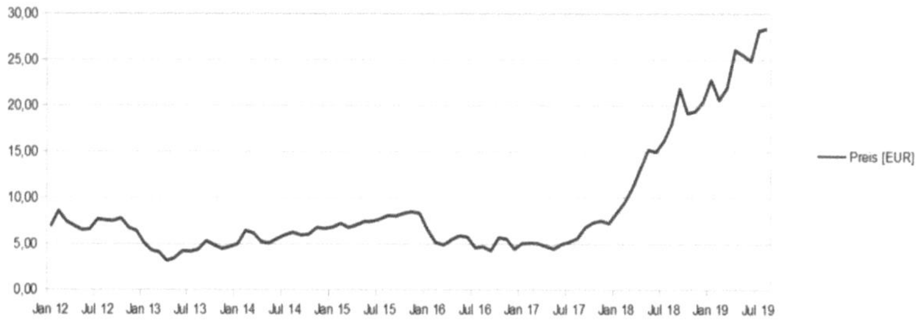

Abbildung 8: Preisentwicklung von Januar 2012 bis August 2019
Quelle: Eigene Berechnungen nach EEX 2019

Ab etwa Mitte 2013 begann sich der Preis wieder zu stabilisieren und nahezu stetig anzusteigen. Abbildung 8 visualisiert diesen Anstieg bis Ende 2015. Grund hierfür ist maßgeblich das positive EU-Votum, die Planung und letztendlich die Umsetzung des Backloadings. Hierbei werden bei den Versteigerungen im Zeitraum von 2014 bis 2016 insgesamt 900 Millionen Zertifikate – davon bereits 400 Millionen im Jahr 2014 – zurückgehalten, was zu einer Stärkung des EU-ETS führte (DEHSt 2015b:21). Seit Mitte 2017 lässt sich wieder ein deutlicher Aufwärtstrend des Preises erkennen. Die Haupt-ursachen hierfür sind eine Reihe kleinerer Reformen, welche ab November 2017 zu einer Kernreform des Emissionshandelssystem führten. Die wichtigsten Elemente dieser Reform sind die Erhöhung des Linearen Reduktionsfaktors für die jährliche Obergrenze an verfügbaren Zertifikaten sowie eine höhere Zufuhr in die Marktstabilitätsreserve (vgl. Kapitel 6.1) und die damit verbundene Löschung von Zertifikaten (Friedrich, Pahle 2019:2). Auf die Einführung der Marktstabilitätsreserve wird in Kapitel X näher eingegangen. Der zusätzliche Preisanstieg ab Mitte 2018 ist einer Nachricht der Europäischen Strombörse (European Energy Exchange, EEX) zu verdanken, welche am 15. August 2018 verkündete, dass die Versteigerungen der EUA-Zertifikate vom 14. November 2018 bis Anfang des Jahres 2019 ausgesetzt werden (Ostermann, Fattler 2019:6).

Abbildung 9 zeigt, dass während der ersten und noch zu Beginn der zweiten Handelsperiode der Handel mit Zertifikaten in erster Linie bilateral zwischen den Unternehmen stattfand. Seit 2009 dominiert jedoch der Börsenhandel, was die Liquidität des Marktes sowie die Transparenz des Handels für die Teilnehmer am Emissionsmarkt erhöht (Naegele, Zaklan 2016:174).

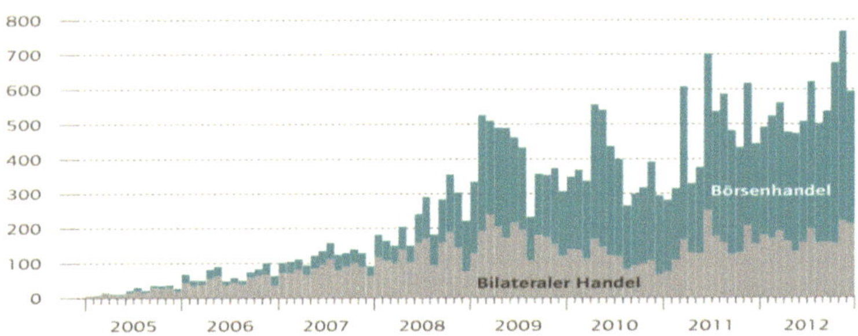

Abbildung 9: Monatliche Handelsvolumina von Emissionsberechtigungen (in Millionen Zertifikaten)
Quelle: Naegele, Zaklan 2016:174

5 Gründe für das Scheitern des Emissionshandels

Das vorherige Kapitel gibt einen umfassenden Überblick über die Funktionsweise des Europäischen Emissionshandels und deutet bereits an, dass dieses Systems von Anfang an mit einigen Schwierigkeiten zu kämpfen hatte. In der Literatur wurde des Öfteren sogar vom Scheitern des EU ETS gesprochen. Im Folgenden sollen die Gründe für das eher mäßige Wirken des Zertifikatshandels genauer analysiert werden.

5.1 Zusätzliche JI/CDM-Zertifikate

Wie bereits in Kapitel 4.5.2 erwähnt, konnten Unternehmen zur Deckung ihrer Emissionen auch Zertifikate aus den flexiblen Mechanismen des Kyoto-Protokolls nutzen, welche in Form von Gutschriften aufgrund des hohen Angebots, im Vergleich zu EUA, kostengünstig zu erwerben waren und, in der zweiten Handelsperiode bis zu einer anlagenspezifischen Obergrenze, eins zu eins in europäische Zertifikate umgewandelt werden konnten. Im Verlauf der zweiten Phase betrug die preisliche Differenz zwischen internationalen Emissionsgutschriften und EU-Zertifkaten durchschnittlich 3,64 Euro pro Tonne Kohlendioxid. Diese Möglichkeit wurde insbesondere von Unternehmen genutzt, deren reale Emissionen oberhalb der kostenlosen Zuteilung lagen (Naegele, Zaklan 2016:177f).

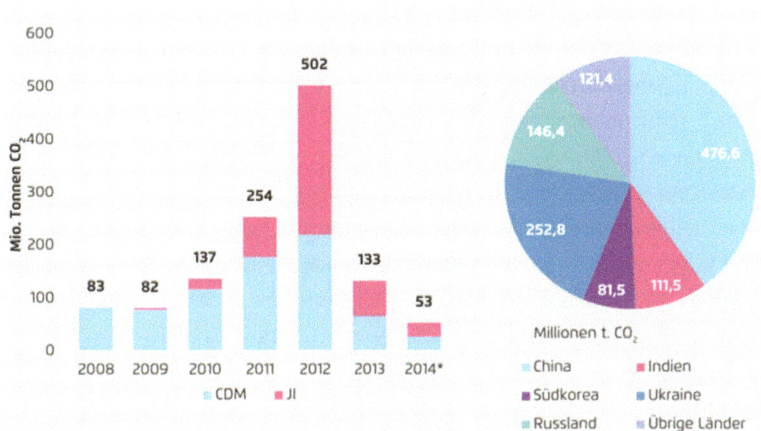

Abbildung 10: Menge der JI/CDM-Zertifikate pro Jahr und aufgeteilt auf die Herkunftsländer 2008-2014

Quelle: Graichen et al. 2015:6

Bis zum Jahr 2015 wurden insgesamt knapp 7600 Clean Development Movement-Projekte registriert, aus denen etwa 1,5 Milliarden Zertifikate (CER) ausgestellt wurden. Dazu kamen ca. 872 Millionen ERU-Zertifikate aus Joint Implementation-Projekten. 82 Prozent der CDM-Gutschriften stammt aus HFC- oder N2O-Projekten, die sich auf die Verbrennung von Flourkohlenwasserstoffen (HFC) oder Distickstoffoxid (N2O) konzentrieren. Diese, im Vergleich zu CO2, deutlich klimaschädlicheren Gase können durch geringen Aufwand zu CO2 verbrannt werden. Die Vermeidungskosten liegen hierbei bei 1 Euro / t CO2 (N2O) bzw. 50 Cent / t CO2 (HFC). Die Zersetzung dieser Treibhausgase fand in erster Linie in China, Indien, Südkorea und Mexiko statt, wo es hierfür keine ordnungsrechtlichen Vorschriften gibt, weshalb die daraus erzeugten und sehr kostengünstigen Zertifikate stark umstritten sind. Berechnungen des Öko-Instituts zeigten auf, dass etwa drei Viertel des Zertifikatsüberschusses zu Beginn der dritten Handelsperiode aus der Anrechnung von CER- und ERU-Zertifikaten stammten (Andor et al. 2015:177). Abbildung 10 zeigt die Mengen und Anteile der Zertifikate aus JI- und CDM-Projekten sowie deren Herkunftsländer.

5.2 Wirtschaftskrise

Neben Faktoren wie Brennstoffpreisen oder Energie aus Erneuerbaren Technologien hat auch das Wirtschaftswachstum einen großen Einfluss auf den Zertifikatspreis. Krisenbedingte Produktionsrückgänge führen zu weniger Ressourcenverbrauch und damit zu einem geringeren Ausstoß von Emissionen, was die Nachfrage nach Emissionsberechtigungen mindert und damit auch den Preis fallen lässt. Da diese Zertifikate jedoch weiterhin auf dem Markt bzw. im Besitz der Unternehmen sind, entstehen Reserven, welche im Falle einer wirtschaftlichen Erholung als erstes aufgebraucht werden. Es müssen zunächst also keine zusätzlichen Zertifikate erworben werden. Eine Wirtschaftskrise führt damit also kurzfristig zu verringerten Emissionen, gleichzeitig nimmt aber auch die Notwendigkeit ab, in neue Produktions- und Emissionsvermeidungstechnologien zu investieren, was langfristig einen Anstieg der Emissionen zur Folge hat (Conradt 2010:18-28).

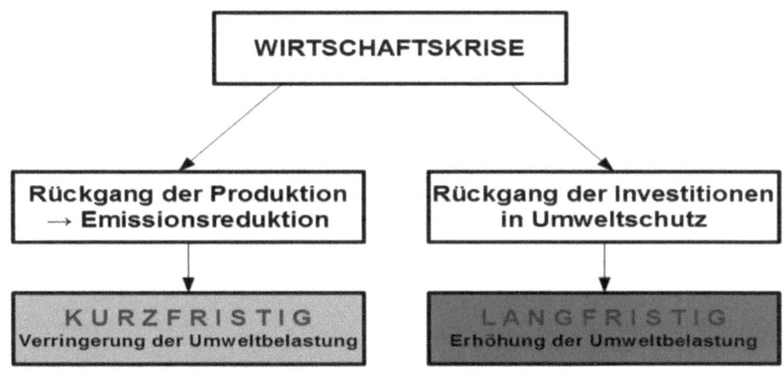

Abbildung 11: Auswirkungen einer Wirtschaftskrise auf die Umweltbelastung
Quelle: Eigene Darstellung nach Conradt 2010:18-28

Abbildung 11 stellt die genannten Zusammenhänge noch einmal graphisch dar.

5.3 Weitere (nationale) Klimaschutzmaßnahmen

Der Europäische Emissionshandel sieht vor, dass Vermeidung stets dort betrieben wird, wo es die geringsten Kosten verursacht. Die Grenzvermeidungskosten sind also von zentraler Bedeutung und weniger, wer genau die Vermeidung bezahlt. Die Vermeidung von Treibhausgasen sollte daher also besonders in Schwellen- und Entwicklungsländern stattfinden, da diese mit geringer Energieeffizienz und veralteter Technik produzieren und daher die niedrigsten Vermeidungskosten haben. Wichtigste Voraussetzung ist hierfür ein globaler CO2-Markt mit einheitlichem Kohlenstoffpreis. Dem gegenüber steht das Pariser Klimaabkommen, in welchem der Begriff „Emissionshandel" in keinster Weise erwähnt wird. Im Mittelpunkt des Vertrags stehen nationale Klimaschutzverpflichtungen, also Maßnahmen, die vor Ort im eigenen Land durchzuführen sind (Weimann et al. 2016:3f.).

Die Emissionen im EU ETS sind durch das Cap fixiert, was bedeutet, dass weitere energie- oder klimapolitische Maßnahmen die Emissionen der EU nicht zusätzlich reduzieren können. Umgekehrt bedeutet dies sogar, dass parallel zum Emissionshandel laufende Klimaschutzmaßnahmen die volkswirtschaftlichen Kosten der Europäischen Dekarbonisierung unnötig erhöhen, da die Unternehmen durch solche zusätzliche Maßnahmen dazu gezwungen werden, mehr oder weniger Schadstoffe zu emittieren, als sie es ausschließlich durch die Wirkung der Anreize des Emissionshandelssystems getan hätten (Tischler 2018:15).

- *Beispiel: Kohleausstieg*

Beim derzeitigen Überschuss an Emissionsberechtigungen würde eine Abschaltung der (deutschen) Kohlekraftwerke ohne zusätzliche Maßnahmen nicht zu einer Reduktion der Europäischen CO_2-Emissionen führen. Verantwortlich ist hierfür zum einen der Rebound-Effekt, also das ein steigender Strompreis die Kohleverstromung rentabler machen würde, zum anderen der Wasserbett-Effekt, also eine Erhöhung der Emissionen außerhalb der Kohleindustrie, bedingt durch sinkende Zertifikatspreise. Genau genommen ist der Emissionshandel sogar darauf ausgelegt, dass der Kohleausstieg bei steigenden CO_2-Preisen mittelfristig sowieso kommen würde. Die 2019 eingesetzte Kohlekommission rechnet mit finanziellen Zuwendungen an die vom Kohleausstieg betroffenen Bundesländer in Höhe von 40 Milliarden Euro sowie mit einem Anstieg des Strompreises von etwa 14 Euro pro Megawattstunde. Der Kohleausstieg ist wäre damit eines der teuersten nationalen Projekte zur Reduktion von Treibhausgasen und das obwohl es für den Energiesektor kein separates EU-Ziel für Deutschland gibt, da dieser ja schließlich in den Emissionshandel integriert ist (Feld et al. 2019:39-41).

- *Beispiel: Energieeffizienz*

Die Verpflichtung der EU-Mitgliedstaaten zur Ergreifung von Maßnahmen zur Steigerung der Energieeffizienz sowie zur Formulierung von nationalen Energieeffizienzzielen findet sich in der Direktive 2012/27/EU, wobei das Hauptziel darin besteht, den Europäischen Primärenergieverbrauch im Jahr 2020 um 20 Prozent zum Bezugsjahr 2004 zu reduzieren. Solange ein Großteil der Energie aus fossilen Energieträgern gewonnen wird, besteht immer ein Zusammenhang zwischen Energieverbrauch und Kohlendioxidemissionen. Eine Reduktion erscheint daher sinnvoll. In den am Emissionshandel teilnehmenden Sektoren wirkt sich die Europäische Energieeffizienzpolitik jedoch kostensteigernd aus, da es keine CO_2-Reduktionsmaßnahme gibt, die zu gleichen (oder geringeren) volkswirtschaftlichen Kosten mehr Kohlendioxid reduzieren könnte als das Europäische Emissionshandelssystem. Im Gegenteil: Zusätzlich Einflussnahme auf Schadstoffemissionen der EU ETS-Sektoren führt nicht zu einer Reduktion dieser, dafür aber garantiert zu einer unnötigen Erhöhung der Kosten der Dekarbonisierung (Tischler 2018:3-20).

- *Beispiel: CO2-Steuer in Großbritannien*

Als Reaktion auf den niedrigen Preis für Emissionsberechtigungen und der damit verbundenen geringen Anreizwirkung zur Investition in kohlenstoffärmere Technologien sowie emissionsärmere Produktionsweisen führte Großbritannien im

April 2013 einen nationalen CO2-Mindestpreis (Carbon Price Floor, CPF) für Stromerzeuger ein, welcher von anfänglich 16 Pfund / t CO2 auf 30 Pfund im Jahr 2020 ansteigt. Dieser Mindestpreis errechnet sich aus dem Preis für EUA-Zertifikate und dem Kohlenstoffgehalt der Brennstoffe und sollte Stromerzeuger motivieren, ihren Schadstoffausstoß zu mindern bzw. emissionsärmere Energieträger zu verwenden. Dies führte insgesamt jedoch zu einer Verminderung der gesamten Nachfrage nach Emissionsberechtigungen im Emissionshandel, da bekanntlich das Europäische Cap nicht vermindert wurde und auch keine Zertifikate von der britischen Regierung herausgenommen oder stillgelegt wurden. Dadurch wurden Emissionen nicht vermindert, sondern weitere Überschüsse angesammelt bzw. Schadstoffe an anderer Stelle ausgestoßen. Zudem sank der Preis der Zertifikate auf dem Markt, was zu einer weiteren Erhöhung des Gesamtüberschusses führte (DEHSt 2013:22f.).

Es wird davon ausgegangen, dass politische Maßnahmen in den Bereichen Erneuerbare Energien sowie Steigerung der Energieeffizienz zu 67 Prozent des Zertifikate-Überschusses im Zeitraum 2008 bis 2020 geführt haben (Murray et al. 2017:6).

5.4 Zu hoch gewählte Obergrenze

Wie bereits beschrieben ist der Emissionshandel ein Verfahren, dessen erster Schritt darin besteht, eine Gesamtobergrenze (Cap) festzulegen, welche der maximalen CO2-Ausstoßmenge und damit gleichzeitig der Höchstmenge an zur Verfügung stehenden Emissionsberechtigungen entspricht. Da innerhalb der EU ETS-Teilnehmer die Abgabe der Zertifikate zum Ausstoß von Schadstoffen verpflichtend ist, ist eine Überschreitung dieses politisch vorgegebenen Emissionsziels folglich garantiert ausgeschlossen (Weimann 2018:36).

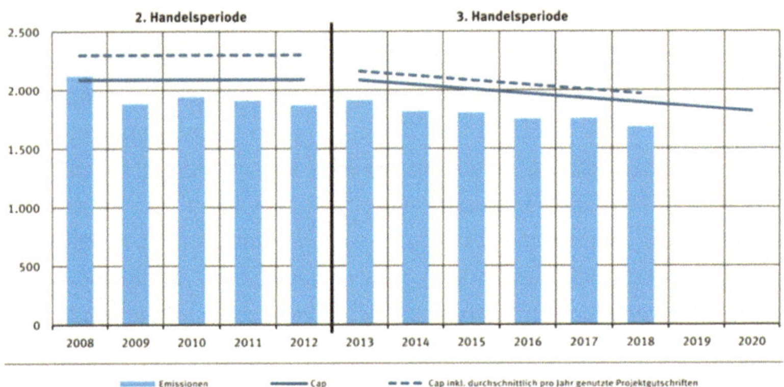

Abbildung 12: Gesamt-Cap und Emissionen im EU ETS (in Mt CO2e)
Quelle: Umweltbundesamt 2019

Diese Obergrenze wurde in den ersten beiden Handelsperioden in den Nationalen Allokationsplänen von den Mitgliedsstaaten selbst festgelegt, die Summe daraus ergab das Europäische Gesamt-Cap. Gutschriften aus CDM- und JI-Projekten haben diese Obergrenze zusätzlich erhöht. Das Cap für die dritte Handelsperiode (2013 – 2020) wurde zentral von der EU vorgegeben und beträgt insgesamt 15,6 Gigatonnen CO2, wobei diese Menge nicht gleichwertig auf die Anzahl der Jahre der Periode (wie in Phase I und II) verteilt wird, sondern jedes Jahr um einen linearen Reduktionsfaktor von 1,74 Prozent, was etwa 38 Millionen Tonnen entspricht, verringert. Abbildung 12 zeigt das Gesamt-Cap und die tatsächlichen Emissionen im EU ETS in Megatonnen CO2e im Zeitraum von 2008 bis 2018. Hierbei ist zu beachten, dass der Anwendungsbereich des Emissionshandels in der dritten Handelsperiode ausgeweitet wurde und eine synoptische Betrachtung der beiden Phasen bezüglich ihrer Emissionen daher nur bedingt möglich ist (Umweltbundesamt 2019).

5.5 Überausstattung mit Zertifikaten

Ein von Anfang an zu hoch angesetztes Cap sowie die Folgen der Wirtschaftskrise 2008 führten dazu, dass seit 2009 die CO2-Emissionen deutlich unter der Obergrenze und damit der Anzahl an verfügbaren Zertifikaten liegen. Abbildung 13 verdeutlicht, dass seit 2009 jährlich etwa 200 Millionen Zertifikate zu viel ausgegeben werden, was im Jahr 2013, also zu Beginn der dritten Handelsperiode zu einem Überschuss von über zwei Milliarden Emissionsberechtigungen führte.

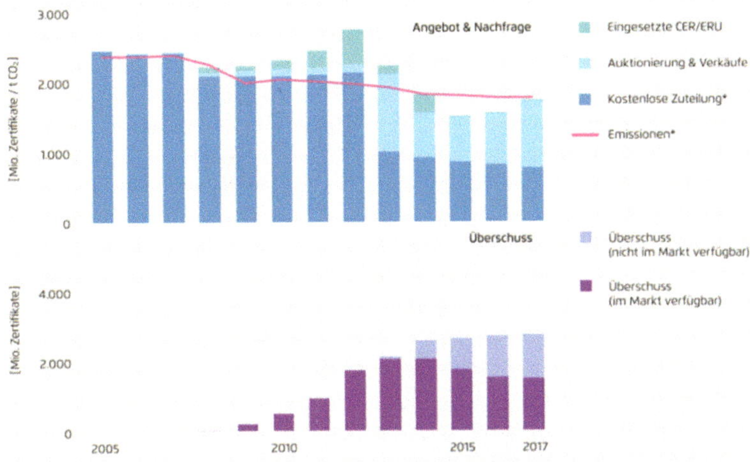

Abbildung 13: Entwicklung von Angebot und Nachfrage der Zertifikate sowie Überschuss in den Jahren 2005 bis 2017
Quelle: Graichen et al. 2018:12

Im oberen Teil der Abbildung lässt sich erkennen, dass besagter Überschuss damit sogar höher war, als die real gemessenen Emissionen. Die im EU ETS teilnehmenden Industrie- und Energieanlagen hätten also theoretisch in diesem Jahr doppelt so viele Schadstoffe ausstoßen dürfen, wie sie es tatsächlich taten (Graichen et al. 2018:11f.).

5.6 Zu geringer Zertifikate-Preis

Wie in den Kapiteln 3 und 4 erläutert, bildet sich der Marktpreis durch Versteigerung und Handel von Emissionszertifikaten, wobei durch eine Obergrenze die höchste Anzahl an auf dem Markt verfügbaren Zertifikaten festgelegt ist. Der Marktpreis spiegelt dabei die Grenzkosten zur Erreichung besagter Obergrenze an Emissionen wider. Die preisliche Entwicklung der vergangenen Jahre seit Einführung des Emissionshandelssystems ist ebenfalls in Kapitel 4.5.4 dargestellt und deutet auf eine moderate Nachfrage nach Emissionsberechtigungen bei einer politisch festgesetzten Obergrenze hin. Zertifikatspreise, welche sich unter dem Niveau der Grenzkosten zur tatsächlichen Vermeidung von CO2-Emissionen befinden (vgl. Abb. 14), führen dazu, dass Investitionen in Kohlekraftwerke lohnenswerter bleiben, als in Gaskraftwerke oder Erneuerbare Energien.

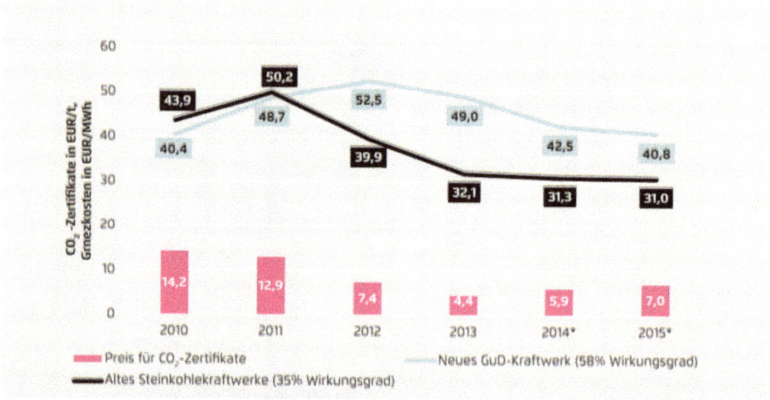

Abbildung 14: Kurzfristige Grenzkosten von alten Steinkohle- und neuen Gaskraftwerken und CO2-Preis in Deutschland 2010-2015
Quelle: Graichen et al. 2015:19

Zudem sinkt die Motivation für Investitionen in die Forschung und Entwicklung innovativer und kohlestoffarmer Produktions- und Energieerzeugungstechnologien. Als Ursachen für den Preisverfall der Zertifikate werden, neben der ökonomischen Rezension, den weiteren, parallel laufenden Klimaschutzmaßnahmen und den Zertifikaten aus JI- bzw. CDM-Projekten, auch das kurzsichtige Verhalten der Marktteilnehmer, die mangelnde Glaubwürdigkeit der Politik sowie der Wasserbett-Effekt genannt. Mit der Kurzsichtigkeit der Marktteilnehmer ist in erster Linie deren ökonomisches Denken und Handeln gemeint. Im Gegensatz zur ökonomischen Theorie bilden sich Zertifikatspreise über kurzfristige Marktbedingungen und nicht über das langfristige Zusammenspiel von Angebot und Nachfrage. Die Marktteilnehmer handeln dadurch in deutlich kürzeren Zeithorizonten als sie für eine kosteneffiziente Dekarbonisierung, nämlich mehrere Jahrzehnte, notwendig wären. Stromversorgungsunternehmen beispielsweise besitzen ein Planungshorizont von nur wenigen Jahren. Zudem ist die Entwicklung der Zertifikatspreise seit Einführung des Emissionshandels von politischer Unsicherheit geprägt, was zu einer unzureichenden politischen Glaubwürdigkeit führt. Unternehmen orientieren sich bezüglich der Entscheidungen für langfristige Investitionen an der Verlässlichkeit und der Glaubwürdigkeit der rechtlichen Rahmenbedingungen. Diese beiden Faktoren werden beim Europäischen Emissionshandel jedoch als sehr gering eingestuft. Ein Beispiel hierfür wäre, dass die Obergrenze für die vierte Handelsperiode (2021 – 2030) erst vor zwei Jahren festgelegt wurde und der weitere Verlauf nach 2030 seitens der Politik noch relativ offen ist. In der Vergangenheit führten bereits reine Spekulationen über mögliche politische Entscheidungen zu einem preislichen Verfall. Diese regulatorische Unsicherheit sowie die oben genannte Kurzsichtigkeit der Marktteilnehmer stehen in gegenseitigem Einfluss zueinander. Letztere führt zu niedrigen Preisen, was regulatorische Veränderungen seitens der Politik notwendig erscheinen lässt und damit besagte Unsicherheit erhöht. Umgekehrt erhöht das Misstrauen in die Politik und die regulatorische Sicherheit wiederum die Konzentration auf die kurzfristige Situation und damit das Ausblenden längerfristiger Entwicklungen (Edenhofer et al. 2017:219-226). Der Wasserbetteffekt beschreibt die Tatsache, dass durch Maßnahmen, die nicht im Emissionshandel berücksichtigt sind, beispielsweise eine Erhöhung der Energieeffizienz oder durch den Ausbau der Erneuerbaren Energien, mehr Emissionen eingespart werden, als durch den ETS vorgesehen waren, wodurch die Nachfrage nach Zertifikaten sinkt, was ebenfalls zu einem Preisverfall führt (Graichen et al. 2018:8f.).

Die in diesem Kapitel beschriebenen Gründe und Ursachen für das Scheitern des Emissionshandels und ihre Implikationen sind noch einmal grafisch in Abbildung 15 zusammengefasst.

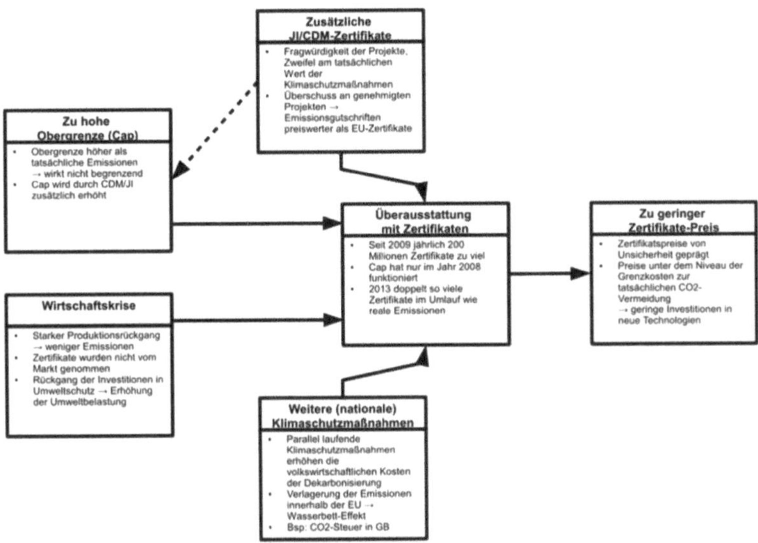

Abbildung 15: Ursachen für das Scheitern des EU Emissionshandels
Quelle: Eigene Anfertigung

6 Wiederbelebung des Emissionshandelssystems

Es wurde bisher gezeigt, dass der Europäische Emissionshandel von Anfang an mit einigen gravierenden Schwachstellen ausgestattet war. Diese gilt es nun zu beseitigen, um ein Fortbestehen und effektives Wirken dieses Klimaschutzinstruments nicht nur zu ermöglichen, sondern zu garantieren. In diesem Kapitel werden die Beschlüsse der Europäischen Politik zur „Wiederbelebung" des Emissionshandelssystems näher beschrieben.

6.1 Die Marktstabilitätsreserve

Angesichts der niedrigen CO2-Preise bedingt durch einen hohen Überschuss an Zertifikaten wurde im Rahmen des 2030-Klimaschutzpakets vom Europäischen Rat im Oktober 2014 eine umfassende Reform des Emissionshandels beschlossen. Neben einer Reduktion des Zertifikatemenge ab 2021 wurde ein Marktstabilitätsmechanismus definiert, welcher einerseits kurzfristig die hohen strukturellen Überschüsse abbauen und zum anderen mittel- bis langfristig den CO2-Zertifikate-Preis in Phasen schwankender Nachfrage stabilisieren soll. Grundannahme ist hierbei, dass der Emissionshandel auch bei einer gewissen Überschussmenge noch funktioniert und selbst dann Knappheitspreisen führt, wenn der Überschuss noch nicht komplett abgebaut ist, insbesondere da beispielsweise in der Stromindustrie ein großer Teil des Produkts bereits im Voraus verkauft wird und daher für diese CO2-Zertifikate auf jeden Fall eine Nachfrage besteht. Die Funktionsweise dieses marktstabilisierenden Mechanismus sieht vor, dass bei Überschreitung des Überschusses der im Umlauf befindlichen Zertifikate über einen definierten oberen Grenzwert zu einem bestimmten Zeitpunkt die Menge der versteigerten Zertifikate im darauffolgenden Jahr um zwölf Prozent der Umlaufmenge, also die Differenz der ausgegebenen Zertifikate zu den tatsächlichen Emissionen, im Vorjahr gekürzt und in eine Reserve überführt wird. Im gegenteiligen Fall, also bei Unterschreitung eines definierten Schwellenwerts, wird im Folgejahr eine bestimmte Menge an Zertifikaten der Reserve entnommen und zur Auktion freigegeben. Der Vorschlag der Kommission war 833 Millionen als oberen und 400 Millionen Emissionsberechtigungen als unteren Grenzwert zu definieren. Die Ausgabemenge bei Unterschreitung sollte 100 Millionen betragen (Graichen et al. 2015:13-15).

Am 06. Oktober 2015 beschloss das Europäische Parlament und der Rat im Beschluss (EU) 2015/1814 (veröffentlicht im Amtsblatt L264/1 vom 09.10.2015) die Einrichtung und Anwendung einer Marktstabilitätsreserve (im Folgenden Reserve oder MSR) im Jahr 2018, in welche ab dem 01. Januar 2019 Zertifikate eingestellt werden. In diese Reserve sollen insbesondere 900 Millionen Zertifikate, welche bisher nicht verauktioniert wurden, überführt werden und so in den Jahren 2019 und 2020 nicht zur Versteigerung zur Verfügung stehen. Voraussetzung ist, dass die Kommission bis zum 15. Mai jeden Jahres, beginnend im Jahr 2017, die gesamte Menge an Zertifikaten, welche sich seit dem 01. Januar 2008 noch im Umlauf befinden, veröffentlicht. Dies beinhaltet auch die internationalen Gutschriften, welche im EU ETS Gültigkeit besitzen. Darauf basierend werden nun jedes Jahr zwölf Prozent der Gesamtmenge der in Umlauf befindlichen Emissionsberechtigungen in die Reserve eingestellt. Dies geschieht am 01. September über einen Zeitraum von zwölf Monaten hinweg, außer die, in die Reserve einzustellende, Menge an Zertifikaten unterschreitet die Anzahl von 100 Millionen. Befinden sich in der MSR in einem Jahr weniger als 400 Millionen Zertifikate, werden 100 Millionen Zertifikate wieder freigegeben. Die Reserve wird komplett 'entleert', wenn sie insgesamt weniger als 100 Millionen Berechtigungen beinhaltet. Die Funktionsweise der MSR wird von der Kommission drei Jahre nach dem Starttermin sowie im Anschluss alle fünf Jahre überprüft. Besonderer Augenmerk liegt hierbei auf den Auswirkungen auf die Wettbewerbsfähigkeit der Industrie sowie auf die Gefahr der Verlagerung von CO_2-Emissionen (Europäische Kommission 2015:L264/1-5).

In der Richtlinie 2018/410 wurde zudem beschlossen, den in 2015/1814 festgelegten Prozentsatz bis zum 31. Dezember 2023 auf 24 Prozent zu verdoppeln. Zudem werden ab 2023 alle Zertifikate in der Reserve, die über der Gesamtzahl der im Vorjahr verauktionierten Zertifikate liegen, ausnahmslos gelöscht (Europäische Kommission 2018:L76/24).

6.2 2015/1814: Änderung der Richtlinie 2003/87/EG

Ab 2019 werden verpflichtend alle Zertifikate von den Mitgliedsstaaten versteigert, falls keine kostenlose Zuteilung gesetzlich vereinbart ist oder diese in die Marktstabilitätsreserve eingestellt wurden (Europäische Kommission 2015:L264/1-5).

6.3 Die Reform des Europäischen Emissionshandels

Am 27. Februar 2018 wurde, nach über zwei Jahren Verhandlungen, durch den Europäischen Rat eine neue Reform genehmigt, welche die Ausgestaltung des Europäischen Emissionshandels in der vierten Handelsperiode (2021 bis 2030) konkretisiert. Sie wurde in der Richtlinie (EU) 2018/410 festgehalten und trat im April 2018 in Kraft (Graichen et al. 2018:15).

Die wichtigsten Inhalte dieser Richtlinie werden im Folgenden beschrieben. Sofern nicht anders angegeben wird unter Verweis auf die entsprechenden Artikel aus Europäische Kommission 2018:L76/3-27 zitiert.

6.3.1 Verringerung der Emissionsobergrenze (Cap)

Der lineare Reduktionsfaktor, welcher in der dritten Handelsperiode (2013 bis 2020) noch 1,74 Prozent pro Jahr betrug, wird ab 2021 auf 2,2 Prozent angehoben (Artikel 1, Absatz 12).

Da der Aufsetzpunkt für die jährliche Verminderung des Caps jedoch weiterhin der Durchschnittszertifikatemenge der zweiten Handelsphase (2008 bis 2012) entspricht, wird der Minderungsfaktor erst mit einer deutlichen Zeitverzögerung seine Wirkung entfalten, da die Obergrenze dieser Periode etwa 200 Millionen Tonnen CO2e oberhalb der real gemessenen Emissionen lag. Folglich ist für 2021 und die Jahre danach weiterhin mit einer (zu) hohen Zertifikateausstattung zu rechnen (Graichen et al. 2018:15).

6.3.2 Versteigerung der Zertifikate

In Artikel 1, Absatz 13a) wird festgelegt, dass ab dem Jahr 2019 alle Zertifikate, die nicht nach den Zuteilungsregelungen der Emissionshandelsrichtlinie kostenlos vergeben werden oder nach den Regelungen des Beschlusses (EU) 2015/1814 in die Marktstabilitätsreserve überführt werden, versteigert werden müssen. Der Anteil der zu versteigernden Zertifikate beträgt ab dem Jahr 2021 57 Prozent.

6.3.3 Anpassung der Benchmarkwerte

Die Benchmarkwerte für die kostenlose Zuteilung von Zertifikaten werden ab 2021 an die realen Bedingung angepasst und folglich abgesenkt. Als Basis für diese, bis 2026 stattfindende, Absenkung dient die durchschnittliche jährliche Senkung der CO2e-Emissionen seit dem Jahr 2008 (Graichen et al. 2018:16).

6.3.4 Unterstützung energieintensiver Industriebranchen

Zur Verhinderung von Wettbewerbsverzerrungen (beispielsweise durch einen Anstieg der Strompreise bedingt durch einen höheren CO2-Preis) und zum Schutz vor der Verlagerung von CO2-Emissionen können die Mitgliedsstaaten energieintensive Industriebranchen Ausgleichszahlungen zukommen lassen, wobei diese maximal 25 Prozent der Einkünfte aus der Auktionierung von Zertifikaten betragen dürfen. Überschreitungen dieses Wertes müssen begründet und veröffentlicht werden (Artikel 1, Absatz 14f).

Sektoren mit dem Risiko einer Verlagerung von CO2-Emissionen (Carbon Leakage) erhalten bis 2030 alle Zertifikate weiterhin kostenlos zugeteilt. Das Carbon Leakage-Risiko gilt hierbei als vorhanden, wenn folgende Berechnung zutrifft (Artikel 1, Absatz 15):

$$Handelsintensität mit Drittstaaten * \frac{CO2e - Emissionen}{Bruttowertschöpfung} > 0{,}2$$

6.3.5 Innovationsförderung

Es werden insgesamt 400 Millionen Zertifikate zu Verfügung gestellt, um Innovationen innerhalb der EU zu fördern, insbesondere zur Forschung umweltverträglicher CO2-Abscheidung und -Nutzung (Carbon Capture and Utilization, CCU) beziehungsweise geologischer -Speicherung (Carbon Capture and Storage, CCS) sowie zur Entwicklung von Alternativen zu CO2-intensiven Produkten. Zudem sollen neue Technologien im Bereich der Erneuerbaren Energien und deren Speicherung geschaffen werden (Artikel 1, Absatz 14h).

6.3.6 Modernisierung des Energiesektors in ärmeren EU-Ländern

EU-Mitgliedsstaaten, deren durchschnittliches Pro-Kopf-Bruttoinlandsprodukt im Jahr 2013 unter 60 Prozent des Unionsdurchschnitts lag, können zur modernisierten und nachhaltigen Umgestaltung des Energiesektors, insbesondere zur Verwirklichung der langfristigen Ziele des Pariser Abkommens, ihre Stromerzeugungsanlagen übergangsweise mit kostenfreien Zertifikaten ausstatten, wobei diese Ausnahmeregelung nur bis zum 31. Dezember 2030 gültig ist und maximal 60 Prozent der Berechtigungen kostenlos zugeteilt werden dürfen (Artikel 1, Absatz 15). Nach Eurostat (European Comission 2019b) betrifft dies die Länder Rumänien (54 Prozent des EU Pro-Kopf-BIP), Bulgarien (45 Prozent), Montenegro (41 Prozent), Serbien (40 Prozent), Nordmazedonien (35 Prozent), Bosnien und Herzegowina (30 Prozent) sowie Albanien (29 Prozent). Es wird betont, dass bei Projekten zur Modernisierung des Stromsektors der Wert der Investitionen mindestens dem Marktwert der kostenlos zugeteilten Emissionsberechtigungen entsprechen muss.

6.3.7 Einrichtung eines Modernisierungsfonds

Zur Unterstützung der oben genannten EU-Mitgliedsstaaten bei ihren Projekten zur Modernisierung des Energiesektors wird für den Zeitraum der vierten Handelsperiode (2021 bis 2030) ein Modernisierungsfonds angelegt, welcher durch die Auktionierung von Zertifikaten finanziert wird. Gefördert werden ausschließlich Energieerzeugungsanlagen auf Basis regenerativer Energiequellen. Weitere Ziele sind unter anderem die Verbesserung der Energieeffizienz und der Energiespeicherung sowie der Ausbau und die Modernisierung von Energienetzen (Artikel 1, Absatz 16).

6.3.8 Unilaterale Stilllegung von Zertifikaten

Im Falle der Abschaltung von Stromkraftwerken aufgrund zusätzlicher nationaler Klimaschutzmaßnahmen können die Mitgliedsstaaten die Menge an Zertifikaten, die das stillgelegte Kraftwerk benötigt hätte, löschen. Berechnet wird diese Menge als Durchschnitt der geprüften Emissionen in den letzten fünf Jahren vor Abschaltung des Kraftwerks (Artikel 1, Absatz 16).

6.3.9 Anpassung der Marktstabilitätsreserve

Bis zum 31. Dezember 2023 wird Zuführungsrate der Marktstabilitätsreserve von 12 auf 24 Prozent erhöht. Zusätzlich wird ab dem Jahr 2023 die maximale Größe der MSR beschränkt. Alle Zertifikate in der Reserve, die die Gesamtzahl der Versteigerungsmenge des Vorjahres überschreiten, verlieren ihre Gültigkeit und werden gelöscht (Artikel 2).

7 Auswirkungen der Reform auf die vierte Handelsperiode

Die in Kapitel 6 beschriebenen Maßnahmen zur Stärkung des Emissionshandels werden erwartungsgemäß zu deutlich erkennbaren Auswirkungen auf die Effektivität des Systems führen. Diese potentiellen Auswirkungen werden im Folgenden näher analysiert.

7.1 Überschussentwicklung und Kohlendioxidpreise

Durch die endgültige Löschung der Emissionsberechtigungen aus der Marktstabilitätsreserve ab 2023 wird in jeden Fall verhindert, dass der vorhandene Überschuss an Zertifikaten wieder vollständig in den Markt zurück wandert. Der langfristige Abbau des Überschusses ist jedoch in erster Linie von der langfristigen Entwicklung der tatsächlichen Emissionen und von der damit verbundenen Nachfrage nach Zertifikaten im EU ETS abhängig (Graichen et al. 2018:19).

Zur Veranschaulichung werden im Folgenden zwei Szenarien näher betrachtet.

7.1.1 Szenario I: Minderung der Emissionen um 1 Prozent pro Jahr

Hierbei sinken die Emissionen bis 2030 durchschnittlich um etwa 18 Millionen Tonnen pro Jahr, was in etwa den Referenzprojektionen der einzelnen EU-Mitgliedsstaaten entspricht. Wie erwähnt sinkt das Cap um jährlich 2,2 Prozent und wirkt folglich ab dem Jahr 2024 nach oben begrenzend. Ab 2019 werden die Marktüberschüsse abgebaut (vgl. Abbildung 16) und kontinuierlich in die Marktstabilitätsreserve eingestellt. Die erste Löschung in Höhe von 1,7 Milliarden Emissionsberechtigungen erfolgt dann im Jahr 2023, der restliche Überschuss wird bis 2030 nahezu komplett abgebaut sein, so dass spätestens danach Knappheitspreise entstehen werden. Insgesamt wurden im Verlauf der vierten Handelsperiode etwa 1,8 Milliarden Zertifikate stillgelegt (Graichen et al. 2018:20f.).

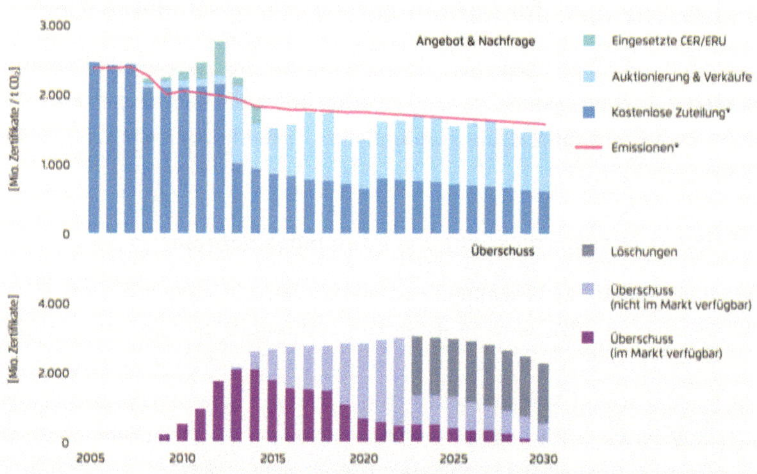

Abbildung 16: Zertifikateentwicklung bei einer Treibhausgasminderung von 1 Prozent pro Jahr
Quelle: Graichen et al. 2018:20

7.1.2 Szenario II: Minderung der Emissionen um 2 Prozent pro Jahr

In diesem Szenario sinken die Emissionen durchschnittlich um etwa 35 Millionen Tonnen jährlich, was in etwa der Reduktion im Zeitraum von 2013 bis 2017 entspricht. Die realen Emissionen liegen also dauerhaft unterhalb der Obergrenze. Es werden wie in Szenario I Überschüsse abgebaut, in die MSR überführt und aus dieser ebenfalls 1,7 Milliarden Zertifikate im Jahr 2023 stillgelegt. In den folgenden Jahren entsprechen die jährlichen realen Emissionsminderungen in etwa der Reduktion des Caps. Die Überschüsse werden sich bis 2030 auf etwa 700 Millionen Zertifikate stabilisieren (vgl. Abbildung 17), so dass keine Knappheitspreise entstehen werden. Im Gegensatz zu Szenario I werden in der vierten Phase insgesamt etwa 2,6 Milliarden Zertifikate gelöscht (Graichen et al. 2018:21f.).

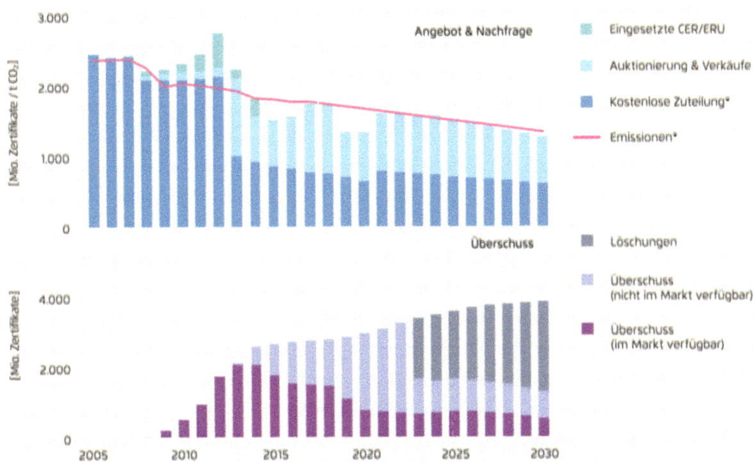

Abbildung 17: Zertifikateentwicklung bei einer Treibhausgasminderung von 2 Prozent pro Jahr
Quelle: Graichen et al. 2018:21

7.2 Zusammenwirken von Emissionshandel und nationalen Klimaschutzmaßnahmen

Der Reform des Emissionshandelsystems für die vierte Periode, insbesondere der Einführung eines Löschungsmechanismus von überschüssigen Zertifikaten, wird für das weitere Zusammenwirken von ETS und zusätzlichen nationalen Klimaschutzmaßnahmen eine hohe Rolle zugeteilt. Es besteht die Hoffnung, dass künftig einige der in Kapitel 5.3 genannten Negativwirkungen beseitigt werden können und der Emissionshandel nicht mehr in Konkurrenz zu weiteren Maßnahmen steht. Ein großer Teil des erwarteten Erfolgs wird der Marktstabilitätsreserve und ihrer flexiblen Verschränkung mit anderen Klimaschutzinstrumenten zugeschrieben, da nun Überschüsse – insbesondere jene aus nationalen Klimaschutzmaßnahmen – oberhalb der MSR-Grenze dauerhaft stillgelegt werden und damit das Cap dynamisch angepasst wird. In den kommenden Jahren bis 2024 werden jährlich jeweils 24 Prozent des Überschusses in die MSR geführt, wobei jede nationale Klimaschutzmaßnahme zu einer Stilllegung der dadurch frei werdenden Zertifikate führt. Dies ist insbesondere in Deutschland von hoher Bedeutung, da der weitere Ausbau der Erneuerbaren Energien im Koalitionsvertrag der Bundesregierung beschlossen wurde. Ebenfalls für die Bundesrepublik von hoher Bedeutung ist die Löschung der Emissionsberechtigungen stillgelegter Kraftwerke, nicht zuletzt in

Hinblick auf den geplanten Kohleausstieg. Da bei der Stilllegung eines Kohlekraftwerks die Stromerzeugung jedoch von einem anderen Kraftwerk übernommen wird, werden die Nettoeinsparung in jedem Fall geringer ausfallen, als die tatsächlichen Emissionen des stillgelegten Kraftwerks (Graichen et al. 2018:25-28).

8 Weitere Möglichkeiten zur Stärkung und Ergänzung des Emissionshandels

Die in Kapitel 6 beschriebenen Reformen für die vierte Handelsphase werden zu einer anschaulichen Wiederbelebung des Europäischen Emissionshandels führen. Es ist jedoch anzunehmen, dass dies nicht die letzte Reform gewesen sein wird. Ein dauerhaft sinkendes Cap wird in Zukunft auch eine Absenkung der statischen Schwellenwerte für das Greifen der Marktstabilitätsreserve, insbesondere des oberen Grenzwerts von derzeit 833 Millionen Emissionsberechtigungen, erfordern (Graichen et al. 2018:27).

Im Folgenden sollen noch einige Möglichkeiten zur Ergänzung und zur weiteren Stärkung des Emissionshandels vorgestellt werden.

8.1 Klimapfand

Wie bereits im Kapitel 4.2 erläutert und in Abbildung 3 veranschaulicht verursacht die Produktion von Zement, Stahl und anderen Grundstoffen knapp ein Viertel der weltweiten Kohlendioxidausstöße und besitzt damit den größten Emissionsminderungsbedarf. Diese Minderungen können insbesondere durch effizientere Nutzung von Grundstoffen (z. B. eine Steigerung der Materialausnutzung durch Verringerung der Metallblechverluste), verbesserten Recyclingprozessen (insbesondere Erweiterung der Eco-Design-Auflagen zur Nachhaltigkeit von Produkten sowie zur Reparaturmöglichkeit) sowie dem Wechsel zu alternativen Materialien erzielt werden. Die Verbesserung der Effizienz aktueller Produktionsprozesse wird als sehr unwahrscheinlich gesehen (Neuhoff, Chiappinelli 2018:575-583). Bedingt durch die Größe des Marktes, einer stärkeren Glaubwürdigkeit für eine effektive Klimagesetzgebung der EU im Vergleich zu den einzelnen Mitgliedsstaaten (z. B. EU ECO-Design-Direktive) sowie einer einheitlichen Regulierung zur Verhinderung von Wettbewerbsverzerrungen innerhalb der EU kann der Europäische Emissionshandel hierbei eine große Lenkungswirkung erzielen. Problematisch wird in diesem Zusammenhang allerdings der internationale Wettbewerb und die Angst vor Produktionsverlagerungen ins Ausland (Carbon Leakage) aufgrund höherer Kosten gesehen, weswegen Grundstoffherstellern ihre Emissionsberechtigungen frei zugeteilt werden. Damit verfallen die Anreize für die weiterverarbeitenden Industriebranchen zur effizienteren Nutzung der Grundstoffe sowie zur alternativen Nutzung klimafreundlicher Materialien. Des weiteren werden die klimabedingten Mehrkosten nicht an die Endkunden weiter gegeben. Eine mögliche Lösung dieser

Problematik wäre die Einführung eines Klimapfands auf die Nutzung emissionsintensiver Grundstoffe, also eine Abgabe, welche sich an der Kohlendioxidintensität des Endprodukts orientiert. Hierfür müssen zwei Reformen kombiniert werden. Zum einen sollte die Anzahl an frei zugeteilten Emissionsberechtigungen sich an den aktuellen und nicht an den historischen Emissionen der Unternehmen orientieren, was dazu führt, dass Unternehmen, die bereits unterhalb des Referenzwertes produzieren, ihre überschüssigen Zertifikate verkaufen können. Andererseits sollte das Klimapfand auf die Nutzung von Grundstoffen erhoben werden und dabei dem Preis der Zertifikate entsprechen, die pro Tonne Grundstoff im Emissionshandel kostenlos zugeteilt werden. Das Pfand wird damit also direkt auf den Preis des Endprodukts aufgeschlagen. Für den Kauf eines Autos, für das insgesamt etwa eine Tonne Stahl verarbeitet wird und damit zwei Tonnen CO2 freigesetzt werden, fällt somit der Preis von zwei Zertifikaten als Klimapfand an. Der Gesamtkaufpreis des Auto würde sich folglich bei einem derzeitigen Zertifikatspreis von knapp 30 Euro (September 2019) um etwa 60 Euro erhöhen. Zudem wird das Klimapfand auf den Import, jedoch nicht auf der Export, von Grundstoffen und Produkten erhoben, wodurch Carbon Leakage und Wettbewerbsverzerrungen vermieden werden. Der Begriff Pfand erklärt sich dadurch, dass die Erlöse dieser Konsumabgabe größtenteils pro Kopf als Pauschale an alle BürgerInnen rückerstattet werden. Der restliche Teil wird zur Finanzierung von Klimaschutzmaßnahmen verwendet (Neuhoff et al. 2019:324f.).

8.2 Einführung einer unabhängigen Emissionsbank

Zwei negative Eigenschaften des derzeitigen Emissionshandelssystem sind zum einen die unzureichende Flexibilität rasch auf veränderte Marktbedingungen zu reagieren und zum anderen eine geringe, für private Investoren jedoch unerlässliche, Stabilität bezüglich der langfristigen Erwartungsbildung. Das kurzfristige Eingreifen in den Markt zur Moderation der Preisausschläge und zur Haltung des Marktgeschehens auf Knappheitskurs ist aus umweltökonomischer Sicht jedoch von großer Bedeutung. Das zu langsame Reagieren auf die Mindernachfrage als Folge der Wirtschaftskrise, politische Opportunität sowie der Lobbyeinfluss werfen jedoch Zweifel auf, ob diese Interventionen letztendlich diskretionären Politikentscheidungen überlassen werden sollten. Eine Alternative hierfür wäre eine unabhängige und öffentliche Einrichtung, deren Aufgabe die Schaffung und Einziehung von Zertifikaten wäre. Ähnlich wie bei der Zentralnotenbank ließe sich so eine institutionelle Absicherung der klimapolitischen Steuerung erzielen, welche jedoch vom politischen Kräftefeld weitestgehend unberührt bleibt und damit in der Funktion einer unabhängigen Instanz als Emissionsbank ausschließlich dem Klimaschutz verpflichtet ist. Das grenzwertige Agieren der Europäischen Zentralbank im Verlauf der Wirtschaftskrise stellt jedoch das generelle Vertrauen in die Funktionstüchtigkeit einer unabhängigen Zentralbank innerhalb der Bevölkerung in Frage (Gawel 2018:9f.).

8.3 Erweiterung des Emissionshandels auf weitere Sektoren

Das Europäische Emissionshandelssystem umfasst derzeit sämtliche Energieversorgungsbetriebe sowie die energieintensive Industrie und deckt damit 45 Prozent der europäischen Treibhausgasemissionen ab. Der Miteinbezug weiterer Sektoren wird in diesem Zusammenhang seit vielen Jahren diskutiert. Eine Möglichkeit wäre beispielsweise eine langfristige Erweiterung des Systems auf zusätzliche Sektoren innerhalb der EU, wobei dies auch nur für eine bestimmte Gruppe an Mitgliedsstaaten denkbar wäre. Alternativ könnte auch ein separates System für einen Emissionshandel im Verkehr- und Wärmesektor kurzfristig realisiert werden. Da es in vielen Ländern der EU bereits parallel laufende Klimaschutzmaßnahmen für diese Sektoren gibt, könnte ein derartiges System ebenfalls auch nur für einen Teil der Mitgliedsstaaten ('Koalition der Willigen') eingeführt werden. Hierbei treten jedoch, trotz der theoretisch hohen Effizienz, einige ökonomische, rechtliche und politische Herausforderungen auf. In den genannten Sektoren liegen die CO_2-Vermeidungskosten in der Regel über denen des Energiesektors, was bedeuten würde, dass ein Integrieren des Verkehrs und der Wärme in diesen Bereich keine nennenswerten Emissionsreduktionen bewirken würde. Im Gegenzug dazu würde es aber die Dekarbonisierung im Energie- und Industriesektor, also den derzeitigen Bereichen des Emissionshandels, zunächst beschleunigen. Die Einbeziehung des Gebäudesektors würde – nach einer umfassenden Prüfung der rechtlichen Umsetzbarkeit – eine Anpassung der Emissionshandelsrichtlinie voraussetzen. Außerdem wäre eine mehrheitliche Zustimmung des Rates und des Europäischen Parlaments notwendig, was zu erheblichen Verzögerungen führen würde und eine Einführung vor 2030 damit praktisch ausschließt. Zudem wäre eine Erweiterung dieser Art mit einer relativ großen Preisunsicherheit verbunden, was gerade im Gebäudebereich keine Anreize für energetische Sanierungen setzt, da hierfür langfristige Preissignale notwendig sind.

Die Integration des Wärme- und Verkehrssektors in das Emissionshandelssystem könnte daher nur langfristig eine sinnvolle Option sein, insbesondere im Hinblick auf die zunehmende Verschmelzung dieser Bereiche mit dem Stromsektor (Elektrifizierung des Verkehrs- und Wärmesektors) und der künftigen Vielseitigkeit der Energieträger (Kemfert et al. 2019:1-4).

8.4 CO_2-Bepreisung über eine Energiesteuerreform

Mittel- bis langfristige Planungssicherheit würde – im Gegensatz zu einer Erweiterung des Emissionshandels auf andere Sektoren – eine CO2-Bepreisung mittels einer Energiesteuerreform schaffen. Die Energieträger werden in diesem Fall entsprechend ihres CO2-Gehaltes differenziert besteuert. Besonders von Vorteil ist hierbei, dass diese Bepreisung mit sehr geringem Aufwand und daher kurzfristig auf nationaler Ebene realisiert werden kann. Zur Entlastung einkommensschwächerer Haushalte kann der finanzielle Mehraufwand über Strompreissenkungen oder eine Klimaprämie an an die Bevölkerung rückvergütet werden. Im Gegensatz zum Emissionshandel ist hierbei allerdings mit einer geringen ökologischen Treffsicherheit zu rechnen, was jedoch mit einer regelmäßigen Überprüfung der Zielerfüllung und – damit verbunden – einer sich wiederholenden Anpassung des CO2-Steuersatzes. Das Bundesministerium für Umwelt, Naturschutz und Reaktorsicherheit schlägt in diesem Zusammenhang ab dem Jahr 2020 einen einheitlichen Steuersatz von 35 Euro pro Tonne Kohlendioxid vor, welcher bis 2030 linear auf 180 Euro je Tonne angehoben wird. Dies garantiert Preisstabilität und eine höhere Planungssicherheit, sowohl für Unternehmen als auch private Haushalte, und setzt damit langfristige Preissignale sowie Anreise für Investitionen in umweltfreundlichere Technologien (Kemfert et al. 2019:4-6).

9 Fazit

Der Europäische Emissionshandel hatte von Anfang an mit großen Problemen zu kämpfen. Viele unterschiedliche Faktoren und Prozesse führten zu einem großen Überschuss an Zertifikaten und damit zu niedrigen Preisen auf dem Markt. Die Effektivität dieses Klimaschutzinstruments wurde daher zu Recht oft in Frage gestellt. Niedrige Kohlendioxidpreise sind jedoch in keinster Weise der Beweis einer Fehlfunktion oder gar eines Versagens des Emissionshandels. Vielmehr sind sie ein Indiz für eine zu großzügig angesetzte Menge an Zertifikaten basierend auf einer nicht ausreichend niedrig gewählten Obergrenze. Die Anrechnung von Gutschriften aus internationalen Projekten steigerte den Zertifikatsüberschuss noch zusätzlich. Kurzfristige Maßnahmen wie das Backloading konnten nicht zu einer langfristigen Verringerung des Überschusses beitragen.

Die zentrale Aufgabe der Europäischen Kommission war es daher, den Emissionshandel aufgrund seiner ökologischen Treffsicherheit weitestgehend in seiner Reinform zu belassen, allerdings aus den Fehlern der Vergangenheit zu lernen und ihn darauf basierend durch einen einmalig erfolgenden Eingriff an seinen Schwachstellen zu korrigieren und ihn so wieder zum zentralen Instrument der Europäischen Klimaschutzpolitik zu machen, gleichzeitig aber die Wettbewerbsfähigkeit der energieintensiven Industrien Europas zu erhalten. Mit den, in dieser Arbeit beschriebenen, Maßnahmen und Reformen, bestehen nun wieder realistische Chancen für das Erreichen dieser beiden Zielsetzung.

Parallel dazu sollten künftig die einzelnen EU-Mitgliedsstaaten ihre nationalen Klimaschutzmaßnahmen ausschließlich auf Nicht-ETS-Sektoren (Verkehr, Wärmeerzeugung in Gebäuden und Landwirtschaft) konzentrieren, um so die volkswirtschaftlichen Kosten der Dekarbonisierung nicht unnötig in die Höhe zu treiben.

Literaturverzeichnis

Andor M., Frondel M., Sommer S. (2015): Reform des EU-Emissionshandels, aber richtig! Alternativen zur Marktstabilitätsreserve. In: RWI Positionen, No. 64, ISBN 978-3-86788-632-1, Essen: Rheinisch-Westfälisches Institut für Wirtschaftsforschung (RWI).

Benz E., Sturm B. (2008): Weichenstellung für den europäischen Emissionshandel. In: Wirtschaftsdienst, 88(12), 810-813.

Böhringer C., Lange A. (2012:) Der europäische Emissionszertifikatehandel: Bestandsaufnahme und Perspektiven. In: Wirtschaftsdienst, 92. Jg., 12-16.

Borghesi S., Montini M (2016): The Best (and Worst) of GHG Emission Trading Systems: Comparing the EU ETS with Its Followers. In: Front. Energy Res. Volume 4. Article 27.

Chylek P., Tans P., Christy J., Dubey M. K. (2018): The carbon cycle response to two El Nino types: an observational study. In: Environmental Research Letters. 13. 024001.

Conradt S. (2016): Die Wirtschaftskrise-eine Chance für die Umwelt?. In: Global Europe–Basel Papers on Europe in a Global Perspective, (91). Basel: Europainstitut der Universität Basel.

Dannenberg H., Ehrenfeld W. (2008): Prognose des CO_2-Zertifikatepreisrisikos In: IWH Discussion Papers 5/2008.

Deutsche Emissionshandelsstelle (DEHSt) im Umweltbundesamt (Hg.) (2013): Klimaschutzziele. Die Reform des europäischen Emissionshandels im Kontext der mittel- und langfristigen Klimaschutzziele der Europäischen Union. Berlin: Umweltbundesamt.

Deutsche Emissionshandelsstelle (DEHSt) im Umweltbundesamt (Hg.) (2015a): Emissionszertifikate. Aktualisierte Fassung für die EU-Handelsperiode und Kyoto-Verpflichtungensperiode 2013-2020. Berlin: Umweltbundesamt.

Deutsche Emissionshandelsstelle (DEHSt) im Umweltbundesamt (Hg.) (2015b): Emissionshandel in Zahlen. Berlin: Umweltbundesamt.

Deutsche Emissionshandelsstelle (DEHSt) (Hg.) (2018): Treibhausgasemissionen 2017. Emissionshandelspflichtige stationäre Anlagen und Luftverkehr in Deutschland (VET-Bericht 2017). Berlin: Umweltbundesamt.

Diekmann J. (2012): EU-Emissionshandel: Anpassungsbedarf des Caps als Reaktion auf externe Schocks und unerwartete Entwicklungen? In: CLIMATE CHANGE 17/2012. Berlin: Deutsches Institut für Wirtschaftsforschung. Im Auftrag des Umweltbundesamtes.

Edenhofer O., Flachsland C., Schmid L. K. (2017): Wie der Emissionshandel wieder zur zentralen Säule der europäischen Klimapolitik werden kann: In: Angrick M., Kühleis C., Landgrebe J., Weiß J. (Hrsg.): 12 Jahre Europäischer Emissionshandel in Deutschland. 217–44. Marburg: Metropolis.

EEX (2019): Results EUA Primary Auction Spot. https://www.eex.com/en/market-data/environmental-markets/auction-market/european-emission-allowances-auction/european-emission-allowances-auction-download (16.08.2019).

Europäische Kommission (Hg.) (2003): Richtlinie 2003/87/EG des Europäischen Parlaments und des Rates vom 13. Oktober 2003 über ein System für den Handel mit Treibhausgasemissionszertifikaten in der Gemeinschaft und zur Änderung der Richtlinie 96/61/EG des Rates. In: Amtsblatt der Europäischen Union. L 275, 32 – 46. Luxemburg: Amt für Veröffentlichungen der Europäischen Union.

Europäische Kommission (Hg.) (2009a): Richtlinie 2008/101/ des Europäischen Parlaments und des Rates vom 19. November 2008 zur Änderung der Richtlinie 2003/87/EG zwecks Einbeziehung des Luftverkehrs in das System fürden Handel mit Treibhausgasemissionszertifikaten in der Gemeinschaft . In: Amtsblatt der Europäischen Union. L8, 3-21. Luxemburg: Amt für Veröffentlichungen der Europäischen Union.

Europäische Kommission (Hg.) (2009b): Richtlinie 2009/29/EG des Europäischen Parlaments und des Rates vom 23. April 2009 zur Änderung der Richtlinie 2003/87/EG zwecks Verbesserung und Ausweitung des Gemeinschaftssystems für den Handel mit Treibhausgasemissionszertifikaten. In: Amtsblatt der Europäischen Union. L140, 63-87. Luxemburg: Amt für Veröffentlichungen der Europäischen Union.

Europäische Kommission (Hg.) (2010): Beschluss der Kommission vom 22. Oktober 2010 zur Anpassung der gemeinschaftsweiten Menge der im Rahmen des EU-Emissionshandelssystems für 2013 zu vergebenden Zertifikate und zur Aufhebung des Beschlusses 2010/384/EU. In: Amtsblatt der Europäischen Union. L279, 34-35. Luxemburg: Amt für Veröffentlichungen der Europäischen Union.

Europäische Kommission (Hg.) (2015): Beschluss (EU) 2015/1814 des Europäischen Parlaments und des Rates vom 6. Oktober 2015 über die Einrichtung und Anwendung einer Marktstabilitätsreserve für das System für den Handel mit Treibhausgasemissionszertifikaten in der Union und zur Änderung der Richtlinie 2003/87/EG. In: Amtsblatt der Europäischen Union. L264, 1-5. Luxemburg: Amt für Veröffentlichungen der Europäischen Union.

Europäische Kommission (Hg. (2018): Richtlinie (EU) 2018/410 des Europäischen Parlaments und des Rates vom 14. März 2018 zur Änderung der Richtlinie 2003/87/EG zwecks Unterstützung kosteneffizienter Emissionsreduktionen und zur Förderung von Investitionen mit geringem CO2-Ausstoß und des Beschlusses (EU) 2015/1814. In: Amtsblatt der Europäischen Union. L76, 3-27. Luxemburg: Amt für Veröffentlichungen der Europäischen Union.

European Commission (2019a): Union Registry. https://ec.europa.eu/clima/policies/ets/registry_en#tab-0-1 (24.09.2019).

European Commission (2019b): Eurostat Data Browser. Beta. https://ec.europa.eu/eurostat/databrowser/view/tec00114/default/bar?lang=de (18.09.2019).

Feld L. P., Schmidt C. M., Schnabel I., Truger A, Wieland V. (2019): Aufbruch zu einer neuen Klimapolitik. Sondergutachten des Sachverständigenrats zur Begutachtung der gesamtwirtschaftlichen Entwicklung. Wiesbaden: Statistisches Bundeamt.

Friedrich M., Pahle M. (2019): Allowance prices in the EU ETS - fundamental price drivers and the recent upward trend. Working Paper. Ithaca, New York: Cornell University.

Garnaut R. (2008): The Garnaut Climate Change Review: Final Report. Melbourne: Cambridge University Press.

Gawel E. (2018): Neustart der Klimapolitik erforderlich. In: Kemfert C. et al. (2018): Klimaziel 2020 verfehlt: Zeit für eineNeuausrichtung der Klimapolitik?. ifo Schnelldienst. Vol- 71 (01). 3-25. München: ifo Institut - Leibniz-Institut für Wirtschaftsforschung an der Universität München.

Gerner D. (2012): Zuteilung der CO_2-Zertifikate in einem Emissionshandelssystem, Forum Wirtschaftsrecht 9, Kassel: Institut vom Wirtschaftsrecht an der Universität Kassel.

Gores S., Graichen J. (2017): Ansätze zur Bewertung und Darstellung der nationalen Emissionsentwicklung unter Berücksichtigung des EU-ETS. In: CLIMATE CHANGE 08/2017, Berlin: Im Auftrag des Umweltbundesamtes.

Graichen P., Steigenberger M., Litz P. (2015): Die Rolle des Emissionshandels in der Energiewende. Perspektiven und Grenzen der aktuellen Reformvorschläge. Berlin: Agora Energiewende.

Graichen P., Litz P., Matthes F. Chr. (2018): Vom Wasserbett zur Badewanne. Die Auswirkungen der EU-Emissionshandelsreform 2018 auf CO_2-Preis, Kohleausstieg und den Ausbau der Erneuerbaren. Berlin: Agora Energiewende und Öko-Institut e. V.

Graichen P., Requate T. (2005): Der steinige Weg von der Theorie in die Praxis des Emissionshandels: Die EU-Richtlinie zum CO_2-Emissionshandel und ihre nationale Umsetzung. In: Perspektiven der Wirtschaftspolitik, 6(1), 41-56.

Graichen P., Steigenberger M., Litz P. (2015): Die Rolle des Emissionshandels in der Energiewende Perspektiven und Grenzen der aktuellen Reformvorschläge. Berlin: Agora Energiewende.

Guilyardi E., Lescarmontier L., Matthews R., Point S. P., Rumjaun A. B., Schlüpmann J., Wilgenbus D. (2019): IPCC-Sonderbericht" 1, 5° C globale Erwärmung": Zusammenfassung für Lehrerinnen und Lehrer. Paris: Office For Climate Education (OCE).

Haunss S., Dietz M., Nullmeier F. (2013): Der Ausstieg aus der Atomenergie. Diskursnetzwerkanalyse als Beitrag zur Erklärung einer radikalen Politikwende. In: Keller R. (Hg.), Schneider W. (Hg.), Viehöver W. (Hg.) (2013): Zeitschrift für Diskursforschung. 1. Jg. 3/2013. Weinheim: Beltz Juventa.

Healy S., Graichen V., Cludius J., Gores S. (2018): Trends and projections in the EU ETS in 2018. The EU Emissions Trading System in numbers. Luxembourg: European Environment Agency. EEA Report No 14/2018.

Healy S., Schumacher K., Eichhammer W. (2018). Analysis of carbon leakage under phase III of the EU emissions trading system: Trading patterns in the cement and aluminium sectors. In: Energies, 11(5), 1231.

Hölscher S. (2006): Der Clean Development Mechanism in der internationalen Klimapolitik – Theoretische Analysen und die Umsetzung im Projektland China. Diplomarbeit zur Erlangung des Grades einer Diplom-Wirtschafts-Romanistin. Universität Kassel.

Jaquier G., Bellassen V. (2015): Trendsetter for companies and industrial sites: the EU Emissions Trading Scheme. In: Belassen V., Stephan N. (2015): Accounting For Carbon. Monitoring, Reporting and Verifying Emissions in the Climate Economy. Cambridge: University Press. 139-338.

Kemfert C., Schmalz S., Wägner N. (2019): CO_2-Steuer oder Ausweitung des Emissionshandels: Wie sich die Klimaziele besser erreichen lassen. DIW aktuell. 20. Berlin: Deutsches Institut für Wirtschaftsforschung (DIW).

Neuhoff K., Chiappinelli O. (2018) : Klimafreundliche Herstellungund Nutzung von Grundstoffen: Bündel von Politikmaßnahmen notwendig In: DIW-Wochenbericht. Vol. 85 (26). 575-583. Berlin: Deutsches Institut für Wirtschaftsforschung (DIW).

Neuhoff K., Richstein J., Zipperer V. (2019): Klimapfand für eine klimafreundlichere Industrie. In: DIW Wochenbericht. Vol. 86 (18), 324-325. Berlin: Deutsches Institut für Wirtschaftsforschung (DIW).

Murray S., Brown M., Luta A. (2017): Managing the policy interaction with the EU ETS. London: Pöyry Management Consulting (UK) Ltd.

Naegele H., Zaklan A. (2016): Europäischer Emissionshandel: Besonderheiten im Verhalten kleiner Unternehmen. In: DIW-Wochenbericht, 83(9), 171-179. Berlin: Deutsches Institut für Wirtschaftsforschung.

Ostermann A., Fattler S. (2019): Analysen zum EU-ETS und Bewertung von CO_2-Verminderungsmaßnahmen. 11. Internationale Energiewirtschaftstagung an der TU Wien. München: Forschungsstelle für Energiewirtschaft e. V.

Piemonte T. (2010): Emissionszertifikatehandel. Analyse aus Perspektive der Umweltökonomik, der internationalen Klimapolitik und des Finanzmarktes. Hamburg: Diplomica Verlag GmbH.

Plöger S., Böttcher F. (2016): Klimafakten. Bonn: Bundeszentrale für politische Bildung.

Ragoßnig A. M., Plank R., Ehrenberg C. (2012): CO2-Grenzvermeidungskosten alternativer Brennstoffe in der Zementindustrie. In: DepoTech 2012. Graz: BIOENERGY 2020+ GmbH. 283-288.

Schaefer M., Scheelhaase J., Grimme W., Maertens, S. (2010): Ökonomische Effekte des EU-Emissionshandelssystems auf Fluggesellschaften und EU-Mitgliedstaaten: ein innovativer Modellierungsansatz. In: Vierteljahrshefte zur Wirtschaftsforschung, 79(2), 194-210.

Scharschmidt A., Lippelt J. (2012): Kurz zum Klima: Transport und Emissionshandel in Europa. In: ifo Schnelldienst, 65(09), 26-29.

Sturm B. (2018): Umweltökonomik. Eine anwendungsorientierte Einführung. 2. Auflage. Berlin: Springer Gabler.

Tischler B. (2018): EU-Energieeffizienzpolitik: Wie eine kostengünstigere Dekarbonisierung gelingen könnte. In: IW Policy Paper. 2018(1). Köln: Institut der deutschen Wirtschaft.

Umweltbundesamt (2019): Der Europäische Emissionshandel. https://www.umweltbundesamt.de/daten/klima/der-europaeische-emissionshandel (12.09.2019).

United Nations (Hg.) (1997): Kyoto Protocol to the United Nations Framework Convention on Climate Change, 11 December 1997 (FCCC/CP/1997/L.7/Add.1).

Weimann J. et al. (2016): Anspruch und Wirklichkeit: Kann das Pariser Klimaabkommen funktionieren? In: ifo Schnelldienst. 69 (03). 3-29. München: ifo Institut – Leibniz-Institut für Wirtschaftsforschung an der Universität München.

Weimann J. (2018): Einführung: Energiewende – friedliche und umweltfreundliche Energie oder Flatterstrom und Kostenexplosion? In: ifo Schnelldienst. 71 (18). München: ifo Institut – Leibniz-Institut für Wirtschaftsforschung an der Universität München.

Weber M. (2008): Alltagsbilder des Klimawandels. Zum Klimabewusstsein in Deutschland. 1. Auflage. Wiesbaden: VS Verlag für Sozialwissenschaften / GWV Fachverlage GmbH.

Zahoransky R. (Hg.) (2015): Energietechnik. Systeme zur Energieumwandlung. Kompaktwissen für Studium und Beruf. 7., überarbeitete und erweiterte Auflage. Wiesbaden: Springer Vieweg